Matherad 4

Arbeitsbuch

Kathrin Brand
Tanja Hitzel
Katrin Zacher

Unter Beratung von
Nina Fiedel-Gellenbeck
Marco Hess
Alma Tamborini

vpm

Ein Tag hat h.
Zoo

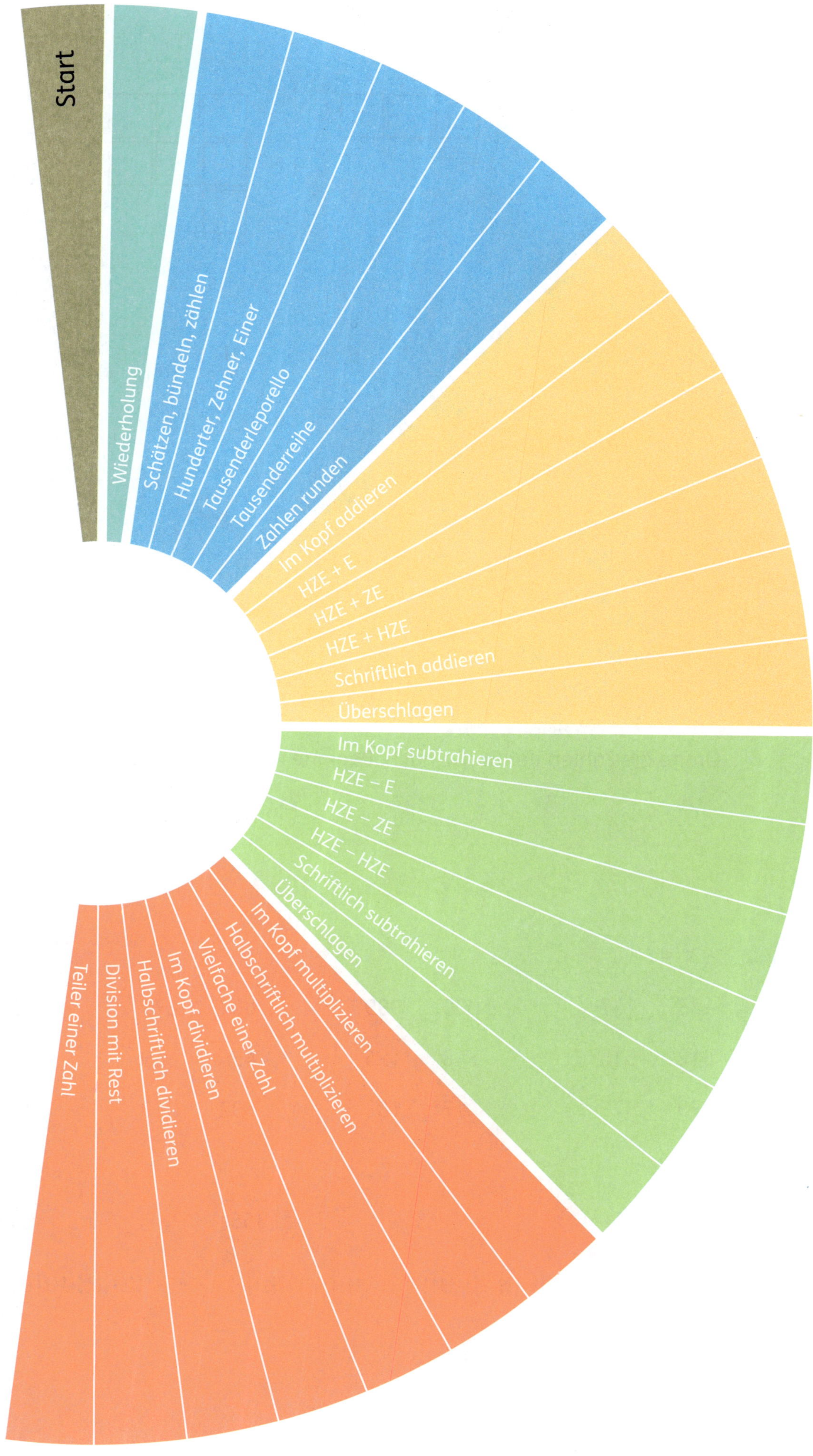

Start
Wiederholung
Schätzen, bündeln, zählen
Hunderter, Zehner, Einer
Tausenderleporello
Tausenderreihe
Zahlen runden
Im Kopf addieren
HZE + E
HZE + ZE
HZE + HZE
Schriftlich addieren
Überschlagen
Im Kopf subtrahieren
HZE – E
HZE – ZE
HZE – HZE
Schriftlich subtrahieren
Überschlagen
Im Kopf multiplizieren
Halbschriftlich multiplizieren
Vielfache einer Zahl
Im Kopf dividieren
Halbschriftlich dividieren
Division mit Rest
Teiler einer Zahl

Wiederholung: Addition

1

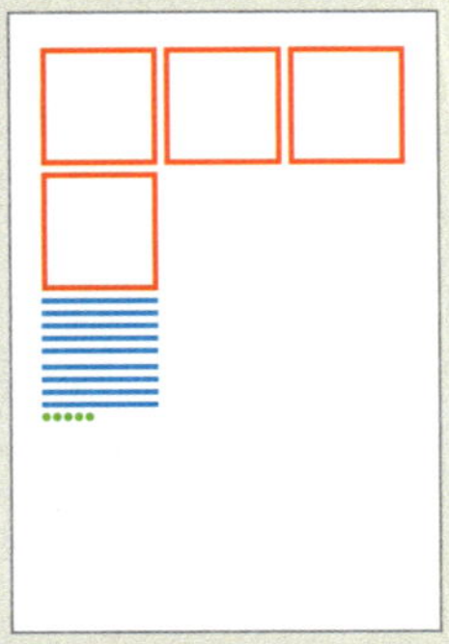

H	Z	E

H	Z	E

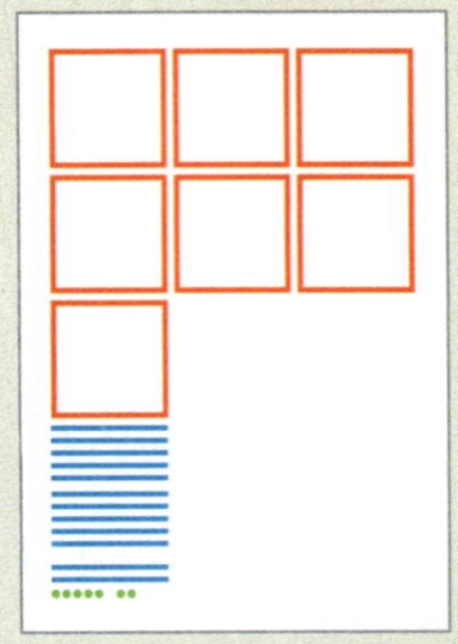

H	Z	E

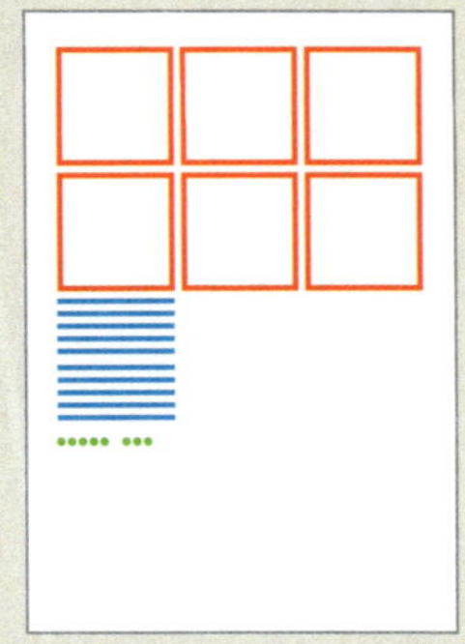

H	Z	E

2

VH	VZ	V	Z	N	NZ	NH
			221			
				76		
		933				

3 Ordne die Zahlen der Größe nach. Beginne mit der kleinsten Zahl.

921 17 334 71 343 129 912

4 >, <, = ?

123 ☐ 137	1 000 ☐ 999	661 ☐ 671	793 ☐ 739
512 ☐ 515	548 ☐ 485	456 ☐ 649	299 ☐ 300 − 1
379 ☐ 379	17 ☐ 18	892 ☐ 912	457 ☐ 416 + 50

5

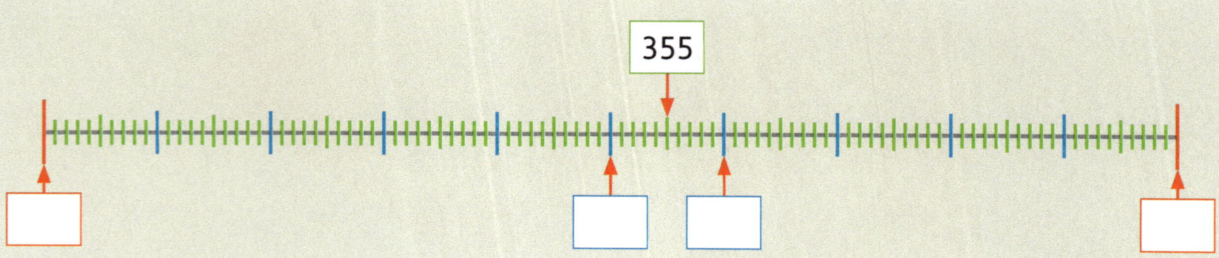

Wiederholung: Addition

6

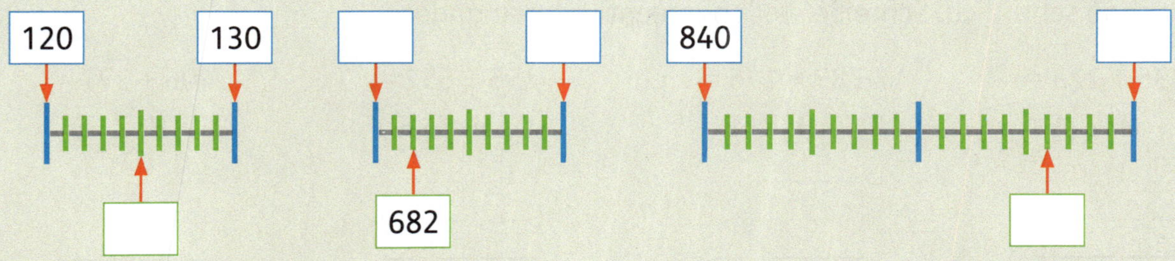

7 Setze fort.

420, 450, 480, ___, ___, ___, ___, ___, ___ Immer ___

705, 730, ___, ___, ___, ___, ___, ___, ___ Immer ___

275, 195, 270, ___, ___, ___, ___, ___ Immer ___

8 Rechne erst die Zwergaufgabe.

153 + 45 = ___
245 + 52 = ___
474 + 23 = ___
652 + 46 = ___
736 + 14 = ___
841 + 38 = ___
___ + ___ = ___

53 + 45 = ___
___ + ___ = ___
___ + ___ = ___
___ + ___ = ___
___ + ___ = ___
___ + ___ = ___
___ + ___ = ___

9

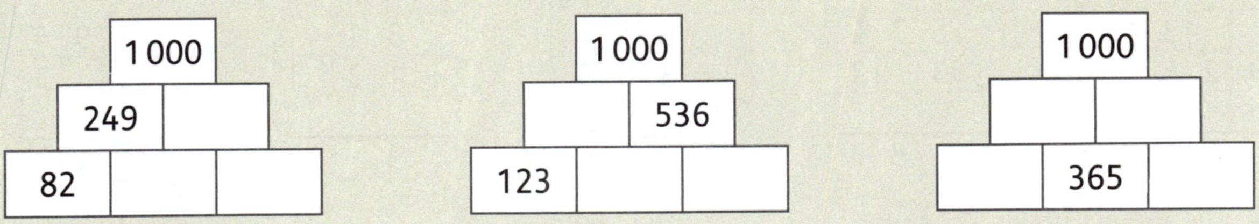

10 Ergänze zum Tausender.

899 + ___ = ___
722 + ___ = ___
424 + ___ = ___
356 + ___ = ___
77 + ___ = ___
23 + ___ = ___

11 Rechne halbschriftlich. Schreibe deinen Rechenweg auf.

348 + 256 =
542 + 197 =
425 + 378 =
157 + 284 =
238 + 164 =
821 + 109 =
93 + 769 =
241 + 659 =

Wiederholung: Addition

12 Rechne schriftlich. Schreibe stellengerecht untereinander.

335 + 223 =

	H	Z	E

789 + 146 =

	H	Z	E

256 + 652 =

	H	Z	E

406 + 377 =

	H	Z	E

13 Rechne schriftlich. Schreibe stellengerecht untereinander.

826 + 123 =	659 + 245 =	508 + 167 =	487 + 231 + 159 =
652 + 119 =	225 + 729 =	723 + 96 =	154 + 307 + 265 =
568 + 326 =	428 + 386 =	494 + 309 =	263 + 89 + 594 =

14 Finde den Fehler. Kreise ein. Schreibe die Aufgabe richtig in dein Heft.

	2	5	6
+	3	4	5
	5	9	1

	1	9	2
+	5	6	8
		1	
	6	5	0

	5	6	2
+	2	4	1
	3	2	1

	8	0	2
+	1	6	9
		1	
	8	7	1

	4	7	2
+	3	5	9
	7	2	1

15 Ergänze die fehlenden Ziffern.

	□	3	4
+	2	6	5
	6	□	9

	5	7	4
+	3	□	3
	□	8	7

	6	□	7
+	3	0	9
	□	2	6

	8	1	4
+	1	3	□
	9	□	2

	7	9	4
+	1	□	3
	□	4	7

16

Welche Zahl muss ich zu 469 addieren, um 723 zu erhalten?

Ich addiere zu der Summe aus 235 und 429 die Zahl 89.

Bilde die Summe aus 374 und 528.

Die Summe ist 700.
Der zweite Summand ist 83.

17 Rechne erst die Zwergaufgabe.

147 – 3 = ☐
269 – 1 = ☐
389 – 8 = ☐
426 – 5 = ☐
958 – 3 = ☐
☐ – ☐ = ☐

47 – 3 = ☐
☐ – ☐ = ☐
☐ – ☐ = ☐
☐ – ☐ = ☐
☐ – ☐ = ☐
☐ – ☐ = ☐

18 Rechne zurück zum Hunderter.

701 – ☐ = ☐	483 – ☐ = ☐	197 – ☐ = ☐
665 – ☐ = ☐	837 – ☐ = ☐	279 – ☐ = ☐
549 – ☐ = ☐	758 – ☐ = ☐	992 – ☐ = ☐

19 Rechne. Setze fort.

862 – 40 = ☐
862 – 50 = ☐
862 – 60 = ☐
☐ – ☐ = ☐
☐ – ☐ = ☐

Was fällt dir auf?

20 Wie rechnest du? Erkläre.

247 – 90 = ☐
589 – 90 = ☐
932 – 90 = ☐
876 – 90 = ☐

21 Welche Zahl könnte fehlen?

637 – ☐ < 400	369 – ☐ > 200	233 – ☐ < 100
453 – ☐ < 200	963 – ☐ > 700	313 – ☐ = 269

Wiederholung: Subtraktion

22 Rechne geschickt.

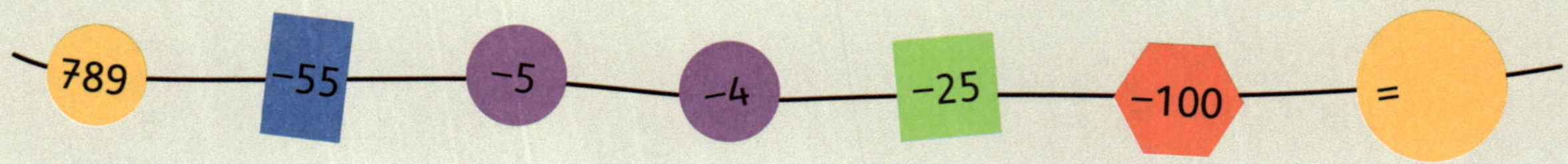

23 Rechne halbschriftlich. Schreibe deinen Rechenweg auf.

276 − 13 =
689 − 269 =
599 − 198 =

458 − 218 =
767 − 254 =
581 − 463 =

333 − 111 =
999 − 564 =
842 − 97 =

470 − 396 =
605 − 374 =
801 − 627 =

24 Wie rechnest du? Ergänzen oder Subtrahieren?

S 654 − 382 =
981 − 894 =
509 − 156 =
365 − 332 =

823 − 378 =
762 − 707 =
486 − 399 =
644 − 468 =

874 − 843 =
546 − 277 =
928 − 494 =
527 − 489 =

25 Prüfe mit der Umkehraufgabe, ob richtig gerechnet wurde.

243 + 89 = 331 ✗
945 − 123 = 822
458 − 249 = 209
659 + 326 = 885
236 + 758 = 984

26 Finde alle 4 Aufgaben.

Wiederholung: Subtraktion

27 Rechne schriftlich. Schreibe stellengerecht untereinander.

648 – 237 =

	H	Z	E

946 – 361 =

	H	Z	E

426 – 177 =

	H	Z	E

806 – 533 =

	H	Z	E

28 Rechne schriftlich. Schreibe stellengerecht untereinander.

759 – 124 =
626 – 312 =
963 – 756 =

511 – 268 =
853 – 673 =
700 – 369 =

926 – 409 =
258 – 97 =
607 – 286 =

872 – 242 – 359 =
743 – 48 – 470 =
617 – 394 – 83 =

29 Finde den Fehler. Kreise ein. Schreibe die Aufgabe richtig in dein Heft.

	7	8	3
–	2	5	6
	5	3	3

	5	7	3
–	3	9	1
	2	6	4

	8	7	5
–	5	3	6
	2	3	9

	9	7	7
–	6	6	9
	3	1	8

	6	4	1
–	2	8	5
	3	6	6

30 Ergänze die fehlenden Ziffern.

	□	8	9
–	3	4	6
	2	4	□

	4	0	9
–	2	7	□
	1	□	8

	6	2	3
–	□	5	2
	4	7	□

	8	□	1
–	4	5	2
	□	3	9

	7	1	□
–	4	4	8
	□	6	8

31

Welche Zahl muss ich von 789 subtrahieren, um 454 zu erhalten?

Die Differenz ist 432. Der Minuend ist 657. Wie heißt der Subtrahend?

Subtrahiere 569 von 843.

Berechne die Differenz aus 486 und 237.

Wiederholung: Multiplikation

32

4 · 50 = ☐ 5 · 60 = ☐ 2 · 70 = ☐ 7 · 80 = ☐

8 · 50 = ☐ 7 · 60 = ☐ 3 · 70 = ☐ 9 · 80 = ☐

33 Setze fort.

30er-Reihe: 30, 60, 90, ☐, ☐, ☐, ☐, ☐, ☐, ☐

60er-Reihe: 60, 120, ☐, ☐, ☐, ☐, ☐, ☐, ☐, ☐

90er-Reihe: 900, 810, ☐, ☐, ☐, ☐, ☐, ☐, ☐, ☐

34 Rechne.

350 = ☐ · 50 420 = ☐ · 70 560 = ☐ · 80 180 = ☐ · 90

400 = ☐ · 50 490 = ☐ · 70 640 = ☐ · 80 270 = ☐ · 90

450 = ☐ · 50 560 = ☐ · 70 720 = ☐ · 80 360 = ☐ · 90

35 Finde Malaufgaben.

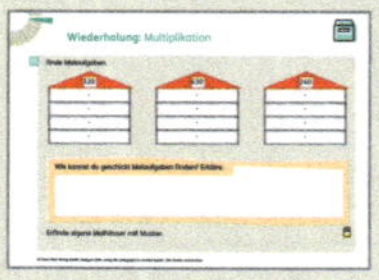

36 Rechne im Malkreuz.

4 · 58 = ☐

·	50	8	
4			

3 · 74 = ☐

·	70	4	
3			

8 · 63 = ☐

·	60	3	
8			

6 · 39 = ☐

·			

5 · 92 = ☐

·			

7 · 86 = ☐

·			

23 · 35 = ☐

·			

37 · 14 = ☐

·			

28 · 19 = ☐

·			

Wiederholung: Multiplikation

37 Rechne schrittweise.

	7	·	1	8	=			
	7	·	1	0	=			
	7	·		8	=			

	4	·	7	9	=				
		·			=				
		·			=				

	8	·	5	3	=				
		·			=				
		·			=				

38 Rechne schrittweise oder im Malkreuz.

2 · 97 = | 4 · 32 = | 7 · 68 = | 8 · 55 = | 9 · 99 =
3 · 86 = | 6 · 65 = | 8 · 67 = | 5 · 94 = | 7 · 86 =

39 Ergänze die fehlenden Ziffern.

			·	3	7	=	2	9	
		8	·		0	=		4	0
		8	·		7	=			6
			+			=			

		4	·	9		=	3		2
		4	·		0	=	3	6	0
			·		3	=			2
			+			=			

40 Rechne schrittweise.

	2	3	·	1	3	=								
			·			=								
			·			=								
			·			=								
			·			=								

	5	2	·	1	1	=								
			·			=								
			·			=								
			·			=								
			·			=								

41 Rechne schrittweise oder im Malkreuz.

4 · 231 = | 5 · 166 = | 7 · 115 = | 8 · 128 =
6 · 119 = | 3 · 297 = | 6 · 164 = | 4 · 283 =

42 Ergänze die fehlenden Ziffern.

4	3	·	1	2	=									
4	0	·	1	0	=	4		0						
4	0	·			=		8	0						
		·	1	0	=		3	0						
	3	·			=			6						
4		0	+	8	0	+			+		=			

3	2	·	1	3	=									
3	0	·	1	0	=		0	0						
3		·		3	=		9	0						
	2	·		0	=		2	0						
	2	·			=			6						
	0	0	+	9	0	+	2	0	+	6	=			

Wiederholung: Division

43 Rechne.

70 : 7 = ☐ 60 : 6 = ☐ 180 : 3 = ☐ 400 : 8 = ☐
450 : 5 = ☐ 640 : 8 = ☐ 720 : 9 = ☐ 540 : 9 = ☐
240 : 6 = ☐ 320 : 4 = ☐ 300 : 3 = ☐ 350 : 7 = ☐

44 Zerlege geschickt und rechne aus. Rechne auch die Umkehraufgabe.

6	8	8	:	8	=		
6	4	0	:	8	=		
	4	8	:	8	=		

denn ☐ · 8 = 688

5	8	5	:	9	=		
			:		=		
			:		=		

denn ☐ · 9 = 585

6	1	0	:	5	=				
			:		=				
			:		=				

denn ☐ · 5 = 610

45 Rechne schrittweise.

365 : 5 = 288 : 9 = 376 : 4 = 418 : 2 =
891 : 9 = 693 : 7 = 279 : 9 = 726 : 6 =
198 : 3 = 336 : 8 = 555 : 5 = 950 : 10 =

46 Ergänze die fehlenden Ziffern.

3	6	☐	:	7	=	☐	☐	
3	5	0	:	7	=	☐	☐	
	1	☐	:	7	=		2	
			+		=			

☐	7	6	:	6	=	☐	☐	
☐	4	0	:	6	=	9	0	
	3	6	:	6	=		☐	
			+		=			

4	1	5	:	☐	=	☐	☐	
4	0	0	:	☐	=	8	0	
	1	5	:	☐	=		3	
			+		=			

47 Rechne.

43 : 4 = ☐ Rest ☐ 72 : 7 = ☐ Rest ☐ 84 : 9 = ☐ Rest ☐
50 : 4 = ☐ Rest ☐ 83 : 7 = ☐ Rest ☐ 95 : 9 = ☐ Rest ☐
71 : 4 = ☐ Rest ☐ 99 : 7 = ☐ Rest ☐ 200 : 9 = ☐ Rest ☐

48 Rechne.

480 : 6 = 630 : 7 = 444 : 4 = 448 : 8 =
481 : 6 = 632 : 7 = 445 : 4 = 451 : 8 =
482 : 6 = 634 : 7 = 446 : 4 = 453 : 8 =

49 Rechne.

a) In der Turnhalle eurer Schule werden für die Theatervorstellung 9 Stuhlreihen mit je 25 Stühlen und 18 Reihen mit je 16 Stühlen aufgestellt.
Wie viele Stühle bleiben für die Eltern noch übrig, wenn alle Kinder der Schule in die Vorstellung gehen?

b) Alle 87 Kinder der 3. Klasse und alle 96 Kinder der 4. Klasse machen zusammen einen Schulausflug zum Planetarium.
Sie werden gleichmäßig auf drei Reisebusse verteilt.
Wie viele Kinder sitzen in jedem Bus?

c) Tipp: Du kannst einen Kalender benutzen.

Wie viele Stunden Sommerferien hast du?
Wie viele Stunden Ferien hast du in einem Jahr?

d) Valentina ist in den Sommerferien mit ihrer Mutter nach Sizilien geflogen.
Sie sollten eigentlich um 14.35 Uhr landen, aber der Flug hat 1 Stunde und 40 Minuten Verspätung.

e) Lege 50 Euro nur mit Scheinen. Male auf.
Wie viele verschiedene Legemöglichkeiten findest du?

f) Du hast beim Bäcker für 4,69 € eingekauft. Bezahle mit möglichst wenigen Münzen.

g) Mateo spart für ein neues Spiel. Es kostet 29,95 €. Er hat 5 € von seiner Oma bekommen. Jede Woche bekommt er 1 € Taschengeld. In seinem Sparschwein sind 14,34 €.
Wann kann Mateo sich das Spiel kaufen?

h) Eure Klasse möchte zum Bowlen gehen. Welches Angebot ist günstiger?

City- Bowling

Preisliste
pro Spiel inkl. Leihschuhe
Kinder 2,20 €
Erwachsene 3 €
Getränke 1 €

Bowlingstar

Schulklassenpaket
2 Bowlingspiele inkl.
Leihschuhe und 2 Getränke,
2 erwachsene Begleitpersonen kostenlos
je Schüler 6,80 €

50 a)

Cem ist 1,55 m groß. Ali ist 10 cm kleiner als Cem, aber 23 cm größer als Sena.
Enes ist halb so groß wie seine Schwester.
Wie groß ist Enes?

b) Julia backt Mini-Küchlein mit Streuseln.
Wie viel Gramm Zucker braucht sie insgesamt?

In dem vollen Paket Zucker war genau 1 kg.
Wie viel Gramm sind jetzt noch in dem Paket?

Wie schwer ist der Teig ungefähr, wenn alle Zutaten verrührt sind?

Mini-Küchlein

Teig:

120 g	Zucker
1 Pck.	Vanillinzucker
4	Eier
500 g	Quark
1 Pck.	Puddingpulver (Vanille)

Für die Streusel:

100 g	Butter
120 g	Mehl
80 g	Zucker
1 Pck.	Vanillinzucker

51 Wie heißen die Körper? Fülle die Steckbriefe aus.

______

Er hat
☐ Ecken
☐ Kanten
☐ Flächen

______

Sie hat
☐ Ecken
☐ Kanten
☐ Flächen

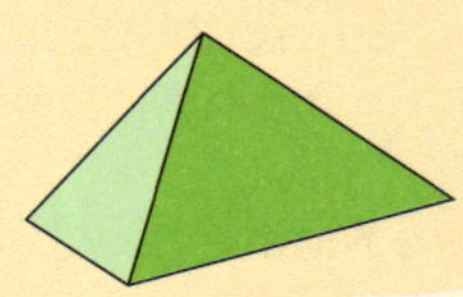

______

Sie hat
☐ Ecken
☐ Kanten
☐ Fläche

______

Er hat
☐ Ecke
☐ Kante
☐ Flächen

Schätzen

1 Wie stellst du dir eine Million vor? Male auf.

2 Dein Mathebuch hat ca. 100 Seiten.
Wie viele Bücher müsstest du stapeln, um 1 Million Seiten zu haben?

3 Finde in Zeitschriften große Zahlen.
Schneide sie aus und klebe sie hier auf.

Die Million

10 HT = 1 M
Million

10 ZT = 1 HT
Hunderttausender

10 T = 1 ZT
Zehntausender

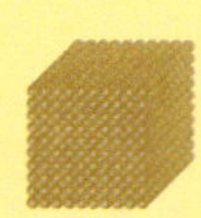

10 H = 1 T
Tausender

10 Z = 1 H
Hunderter

10 E = 1 Z
Zehner

1 E
Einer

4

Es sind ___ **T**ausender.
Es sind ___ **H**underter.
Es sind ___ **Z**ehner.
Es sind ___ **E**iner.

Es sind ___ **T**ausender.
Es sind ___ **H**underter.
Es sind ___ **Z**ehner.
Es sind ___ **E**iner.

Es sind ___ **T**ausender.
Es sind ___ **H**underter.
Es sind ___ **Z**ehner.
Es sind ___ **E**iner.

Es sind ___ **T**ausender.
Es sind ___ **H**underter.
Es sind ___ **Z**ehner.
Es sind ___ **E**iner.

5 Wechsele in die nächsthöhere Stelle.

Tipp: Ich wechsele 10 Hunderter in 1 Tausender.

Tipp: Ich wechsele 10 Tausender in 1 Zehntausender.

15 T = 1 ZT + 5 T
22 T = ___ ZT + ___ T
44 T = ___ ZT + ___ T

13 ZT = ___ HT + ___ ZT
33 ZT = ___ HT + ___ ZT
52 ZT = ___ HT + ___ ZT

15 HT = ___ + ___
27 HT = ___ + ___
19 HT = ___ + ___

6

22 Hunderter
Wie viele Tausender erhältst du?

3 Tausender
Nimm 15 Hunderter weg.
Wie viele Tausender bleiben übrig?

6 Zehntausender
Nimm 25 Tausender weg.
Wie viele Zehntausender bleiben übrig?

Die Million

7 Trage in die Stellenwerttafel ein. Vergleiche.

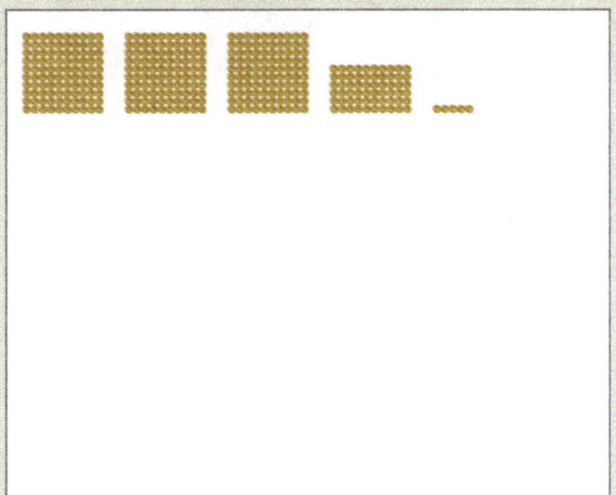

M	HT	ZT	T	H	Z	E

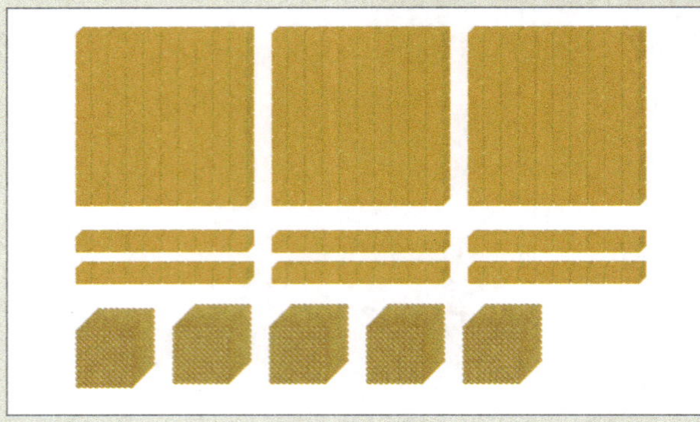

M	HT	ZT	T	H	Z	E

Schreibe die beiden Zahlen in einer Stellenwerttafel untereinander.

M	HT	ZT	T	H	Z	E

Was fällt dir auf? Erkläre.

8 Zeichne eine Stellenwerttafel in dein Heft. Trage die Zahlen ein.

vier Hunderter
sechs Zehner
acht Einer

vier Hunderttausender
sechs Zehntausender
acht Tausender

M	HT	ZT	T	H	Z	E

9 Zeichne eine Stellenwerttafel in dein Heft. Trage die Zahlen ein.

einhundertachtundneunzig
fünfhundertdreiundsiebzig
achthundertneunundzwanzig

einhundertachtundneunzig**tausend**
fünfhundertdreiundsiebzig**tausend**
achthundertneunundzwanzig**tausend**

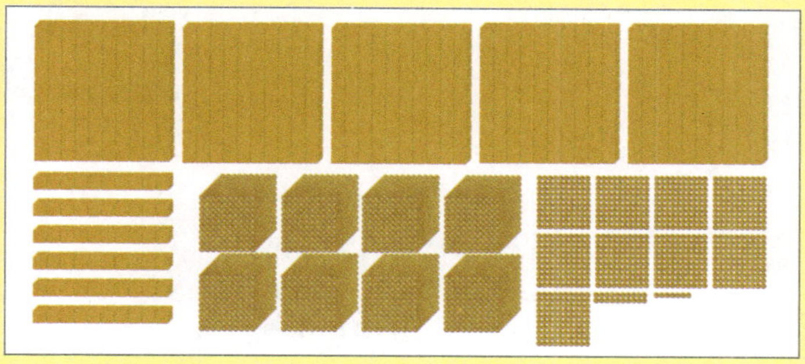

Die Stellenwerttafel

M	HT	ZT	T	H	Z	E
	5	6	8	9	2	7

Die Zahl

568 927

Die Zahlzerlegung

568 927 = 5 HT + 6 ZT + 8 T + 9 H + 2 Z + 7 E

Das Zahlwort

Fünfhundertachtundsechzig**tausend**neunhundertsiebenundzwanzig

10 Trage in die Stellenwerttafel ein. Schreibe die Zahl.

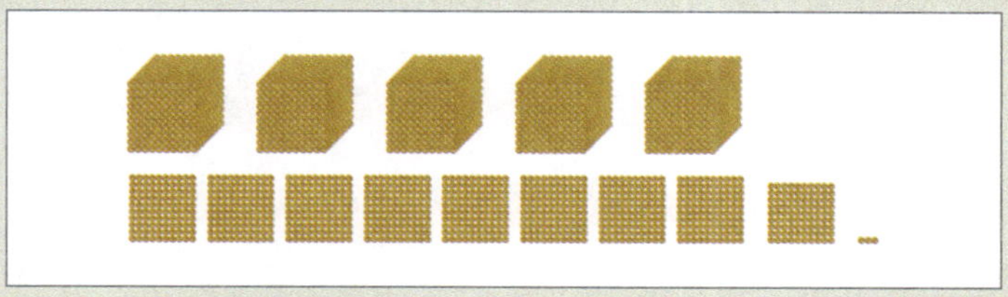

M	HT	ZT	T	H	Z	E

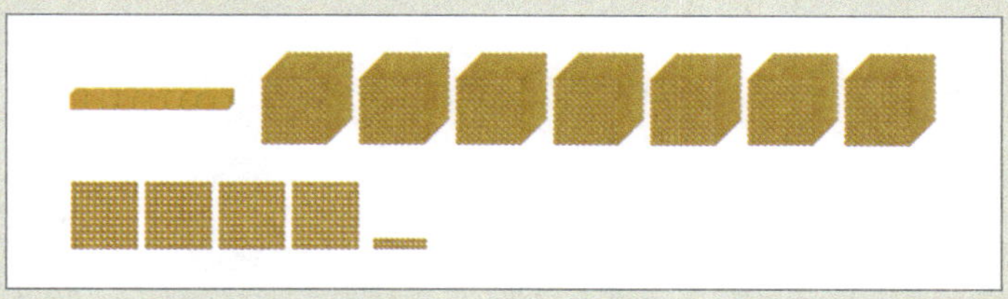

M	HT	ZT	T	H	Z	E

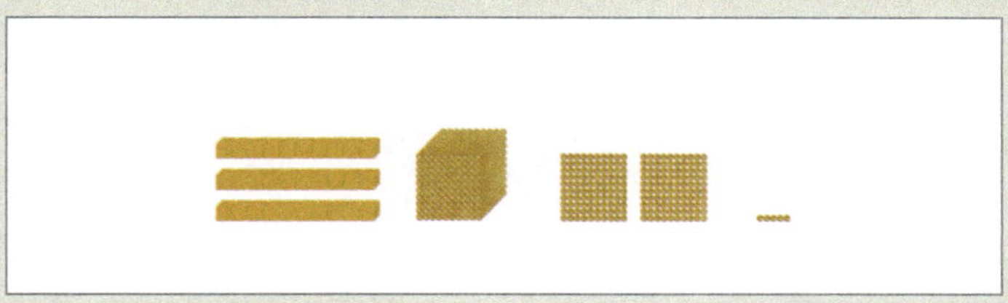

M	HT	ZT	T	H	Z	E

11 Trage in die Stellenwerttafel ein. Schreibe die Zahl.

4 HT 7 T 3 E 0 Z 4 ZT 9 H

M	HT	ZT	T	H	Z	E

5 E 6 ZT 0 T 7 HT 6 Z 8 H

M	HT	ZT	T	H	Z	E

0 Z 7 HT 9 E 2 ZT 5 M 2 T 1 H

M	HT	ZT	T	H	Z	E

Die Million

12 Spielt das Spiel *Hohe Hausnummern.*

13 Welche Stelle ist markiert?

890345 ______ 37837 ______ 1467674 ______

233322 ______ 889507 ______ 901585 ______

14 Denke dir zwei große Zahlen aus. Sage sie deinem Partner laut vor.
Dein Partner schreibt die Zahlen in eine Stellenwerttafel in sein Heft.

15 Schreibe die Zahl.

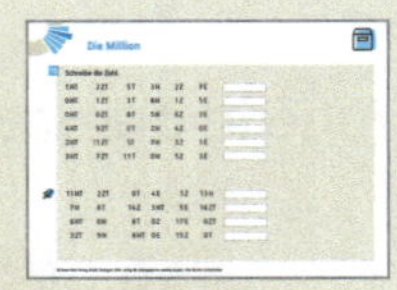

16 Schreibe die Zahl.

300 000 + 30 000 + 3 000 + 400 + 30 + 4 = ______

700 000 + 70 000 + 7 000 + 500 + 70 + 5 = ______

900 000 + 10 000 + 1 000 + 900 + 10 + 1 = ______

600 000 + 80 000 + 3 000 + 900 + 10 + 6 = ______

500 000 + 4 000 + 500 + 40 + 5 = ______

400 000 + 10 000 + 100 + 4 = ______

17 Zerlege. Schreibe so:

389 234 = 300 000 + 80 000 + 9 000 + 200 + 30 + 4

866 268 408 724 740 863 510 501 1 202 212

18 Lege mit den Zahlenkarten große Zahlen.
Schreibe sie farbig in dein Heft.

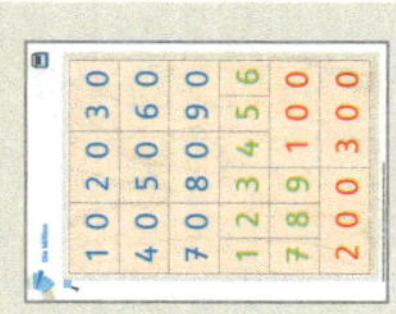

Die Million

19 Welche Zahlen sind das?

2 HT 5 ZT 6 T	8 HT 9 ZT 8 T 9 H	6 H 7 ZT 6 T 7 E	5 ZT 4 H 8 T 2 E	9 T 7 HT 23 ZT 18 H	19 ZT 35 T

Schreibe so in dein Heft:

2 HT + 5 ZT + 6 T = 200 000 + 50 000 + 6 000 =
256 000

Lies die Zahlen deinem Partner vor.

20 Lege fünfstellige und sechsstellige Zahlen. Schreibe auf.

600 000 | 20 000 | 30 000 | 5 | 900 000 | 4 000 | 50 | 3

Finde die größte und die kleinste sechsstellige Zahl.
Finde alle Zahlen. Wie kannst du sicher sein, dass du alle gefunden hast?

21 Lies und schreibe die Zahl mit Ziffern.

Dreiunddreißig**tausend**vierhundertvierunddreißig	
Achthundertneunzehn**tausend**zwölf	
Fünfhundertfünftausendneunundneunzig	
Dreizehntausenddreihundertdrei	

22 Spielt das Spiel *Zahlen schnappen.*

23 Schreibe das Zahlwort auf.

515 345	
20 818	
42 507	
303 211	
899 019	
900 001	

Die Million

24 Wie heißt die Zahl?

M	HT	ZT	T	H	Z	E
	●●	●●	●	●●●●	●●●	●●●●●●●●●

M	HT	ZT	T	H	Z	E
	●●●	●●		●●●●	●●●	●●

M	HT	ZT	T	H	Z	E
	●	●●●●		●●●●●●●		●●

M	HT	ZT	T	H	Z	E
●			●●	●●	●●	●●

Lies die Zahlen deinem Partner laut vor.

25 Lege und zeichne die Zahl mit Plättchen in die Stellenwerttafel.

M	HT	ZT	T	H	Z	E

87 254

M	HT	ZT	T	H	Z	E

159 368

M	HT	ZT	T	H	Z	E

620 414

M	HT	ZT	T	H	Z	E

577 057

26 Lege die Zahl mit Plättchen in eine Stellenwerttafel. Schreibe die Zahl in dein Heft.

Einhundertvierundfünfzigtausenddreihundertelf
Siebenhundertzweiunddreißigtausendfünfhundertsechsundachtzig
Neunhundertdreiundsechszigtausendfünfhundertzweiundachtzig
Fünfundachtzigtausendneunhundertzwei
Dreihundertsiebenundneunzigtausendvierhundertfünf
Vierzehntausendeinundachtzig

Die Million

27 Welche Zahlen könnten es sein?

a) Nimm ein Plättchen in einer Stelle weg.
b) Lege ein Plättchen dazu.
c) Verschiebe ein Plättchen zur nächsten Stelle. Welche Zahlen entstehen?

M	HT	ZT	T	H	Z	E
	●●●●	●●	●	●●●	●●	●●●●●

28 Ein Plättchen ist verschwunden.
Wie hieß die Zahl vorher?
Gibt es auch noch andere Möglichkeiten?

M	HT	ZT	T	H	Z	E
	●●	●●●	●●●●●	●●●●	●	●●●●●●●

29 Lege die Zahl 456 mit Plättchen in eine Stellenwerttafel.

Verschiebe alle Plättchen
a) um eine Stelle nach links.
b) um zwei Stellen nach links.
c) um drei Stellen nach links.

Schreibe die Zahlen auf.

Was fällt dir auf?

30 Lege die Zahl 456 000 mit Plättchen in eine Stellenwerttafel.

Verschiebe alle Plättchen
a) um eine Stelle nach rechts.
b) um zwei Stellen nach rechts.
c) um drei Stellen nach rechts.

Schreibe die Zahlen auf.

Was fällt dir auf?

31 Lege Zahlen.

a) Welche Zahlen kannst du mit einem Plättchen legen?
b) Welche geraden Zahlen kannst du mit zwei Plättchen legen?
c) Du hast zwei Plättchen.
Welches ist die größte Zahl, die du legen kannst?
Welches ist die kleinste Zahl, die du legen kannst?

M	HT	ZT	T	H	Z	E

Millionenleporello

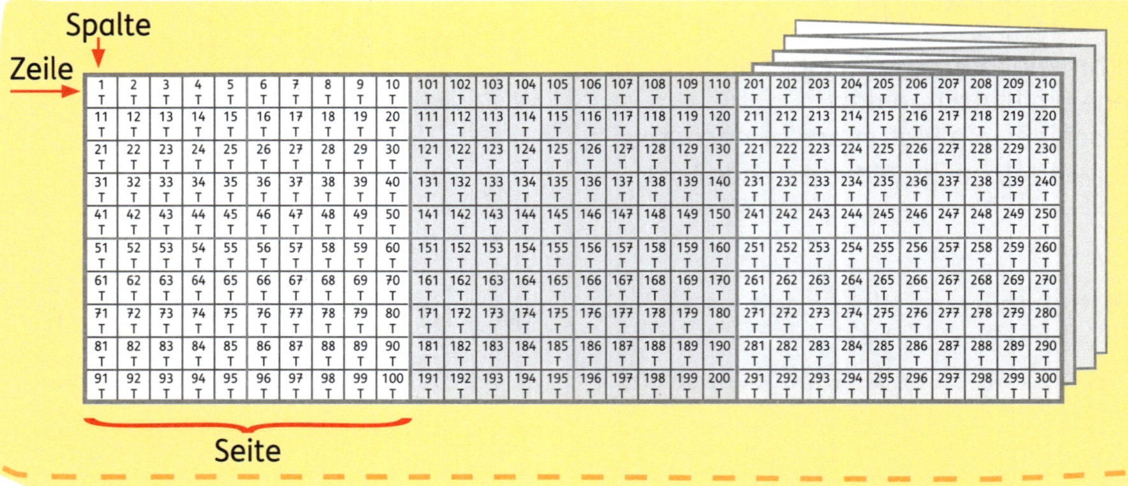

32 Erforsche das Millionen-Leporello.

Auf jedem Feld liegt ______ Tausenderleporello, also ______ Zahlen.

In jeder Zeile liegen ______ Tausenderleporellos, also stehen ______ Zahlen nebeneinander.

In jeder Spalte liegen ______ Tausenderleporellos, also stehen ______ Zahlen untereinander.

Das Millionenleporello hat ______ Seiten.

Auf jeder Seite liegen ______ Tausenderleporellos, also ______ Zahlen.

Im Millionenleporello stehen insgesamt ______ Zahlen.

33 Suche im Millionenleporello:

a) 2 ganze Tausenderleporellos und 456 im angefangenen Tausenderleporello.
Die Zahl steht auf der ______. Seite in der ______. Spalte und in der ______. Zeile.

b) 10 ganze Tausenderleporellos und 301 im angefangenen Tausenderleporello.
Die Zahl steht auf der ______. Seite in der ______. Spalte und in der ______. Zeile.

c) 115 ganze Tausenderleporellos und 879 im angefangenen Tausenderleporello.
Die Zahl steht auf der ______. Seite in der ______. Spalte und in der ______. Zeile.

d) 367 ganze Tausenderleporellos und 111 im angefangenen Tausenderleporello.
Die Zahl steht auf der ______. Seite in der ______. Spalte und in der ______. Zeile.

e) 551 ganze Tausenderleporellos und 13 im angefangenen Tausenderleporello.
Die Zahl steht auf der ______. Seite in der ______. Spalte und in der ______. Zeile.

Millionenleporello

34 Finde die Zahlen.

a) Finde drei Zahlen, die auf Seite 2 in der 5. Spalte stehen.

____, ____, ____

b) Finde drei Zahlen, die auf Seite 5 in der 1. Spalte stehen.

____, ____, ____

c) Finde drei Zahlen, bei denen die Ziffer 7 an der Hunderttausenderstelle steht.

____, ____, ____

d) Finde zwei Zahlen, bei denen an der Hunderttausenderstelle und an der Zehntausenderstelle die gleiche Ziffer steht. ____, ____

e) Finde deine Lieblingszahl. ____

35 Finde die Zahlen. Schreibe in dein Heft, wo die Zahl steht.

a) 1 012, 1 455, 10 780, 11 399, 55
b) 32 122, 175 112, 1 523
c) 433 275, 68 072, 69 5431

Die Zahl steht auf der ____. Seite, in der ____. Spalte und in der ____. Zeile.

36 Spielt das Spiel *Finde die Zahl*!

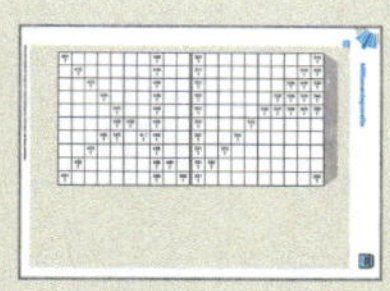

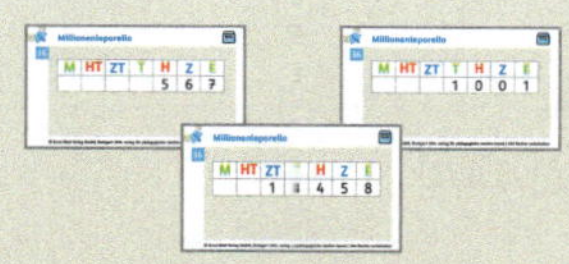

37 Vervollständige.

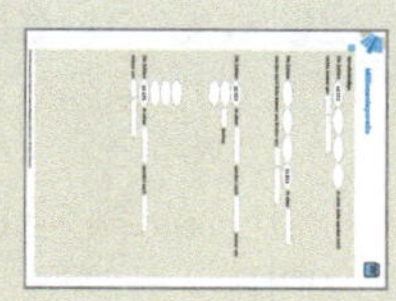

38 Gehe immer ein Feld in einer Zeile weiter nach rechts:

22 346, 23 346, ____, ____, ____, ____

305 801, ____, ____, ____, ____

Gehe immer ein Feld in einer Spalte weiter nach unten:

22 346, 32 346, ____, ____, ____, ____

305 801, ____, ____, ____, ____

Gehe immer eine Seite weiter:

22 346, 122 346, ____, ____, ____, ____

Millionenreihe

39 Welche Zahl ist es?
Lege die Pfeile an die entsprechende Stelle.
Du brauchst einen Zahlenstrahl.

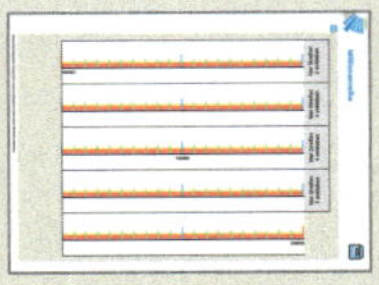

40 Verbinde.

120 000 | 160 000 | 250 000 | 330 000 | 440 000 | 490 000 | 580 000

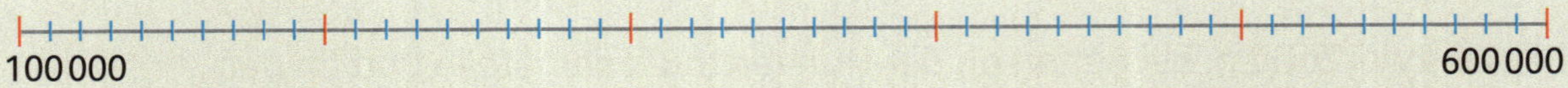

463 000 | 479 000 | 487 000 | 494 000 | 502 000 | 528 000 | 536 000

735 000 | 756 000 | 761 000 | 773 000 | 789 000 | 792 000 | 804 000

820 500 | 823 100 | 828 600 | 831 900 | 836 300 | 837 700 | 839 200

310 020 | 310 060 | 310 080 | 310 110 | 310 140 | 310 170 | 310 190

41 Trage die Zahlen am Zahlenstrahl ein.

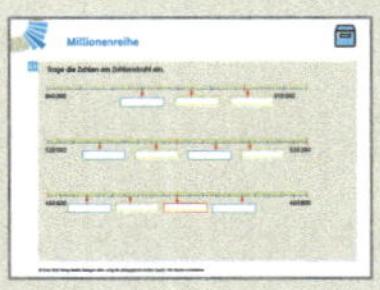

Millionenreihe

VHT	VZT	VT	VH	VZ	V	**Z**	N	NZ	NH	NT	NZT	NHT
100 000	170 000	172 000	172 300	172 340	172 347	**172 348**	172 349	172 350	172 400	173 000	180 000	200 000

42

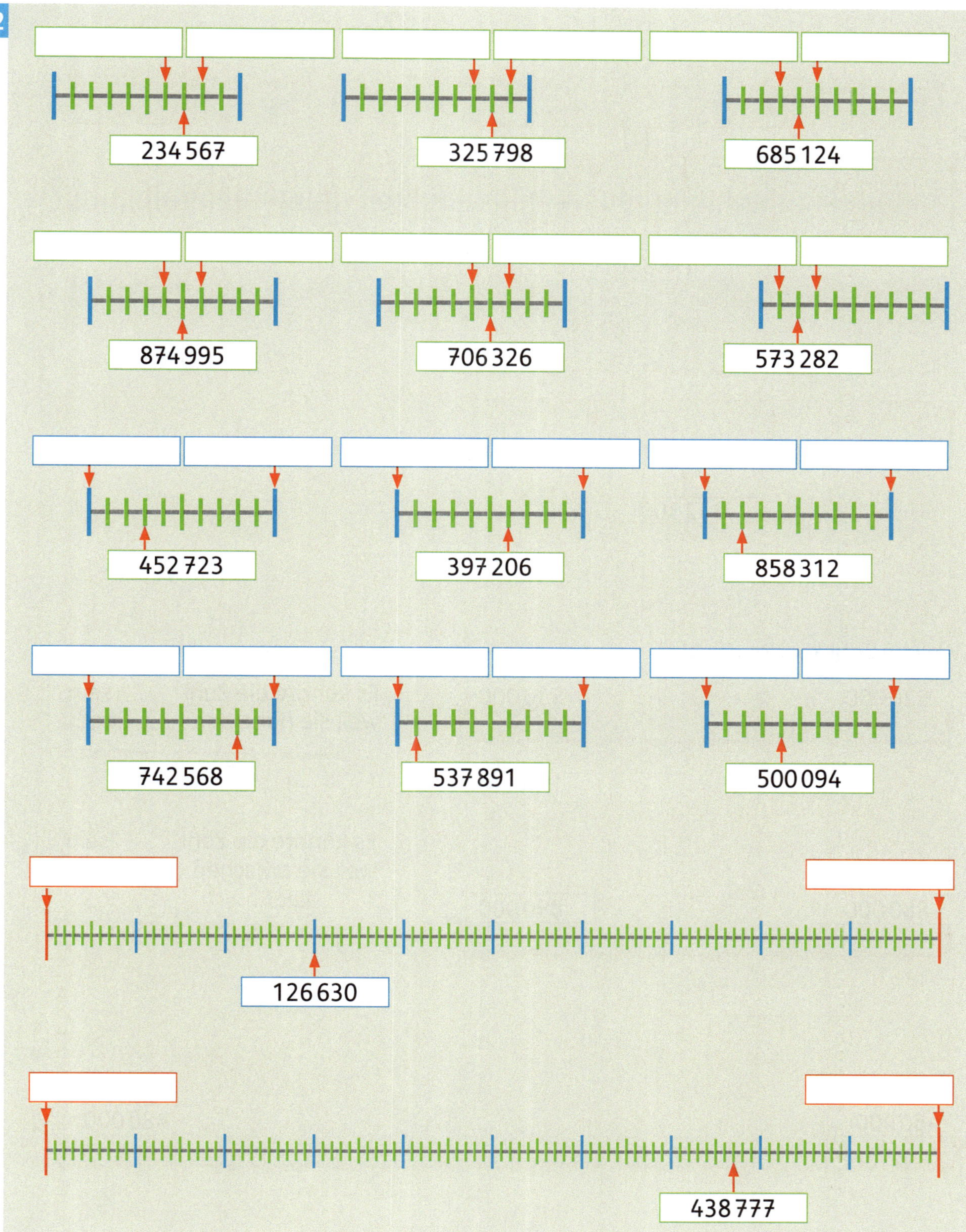

Millionenreihe

43 Trage die Nachbarhunderter und Nachbartausender ein.

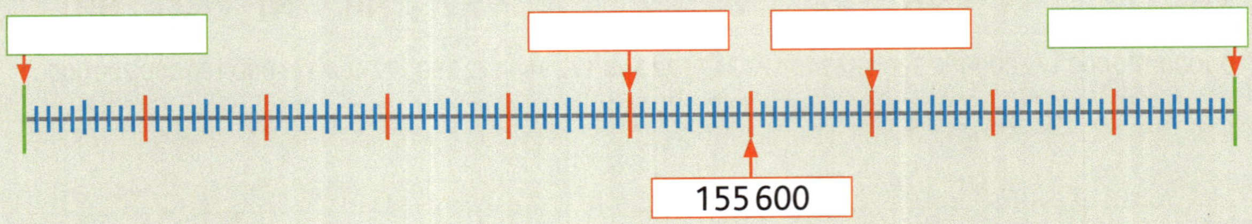

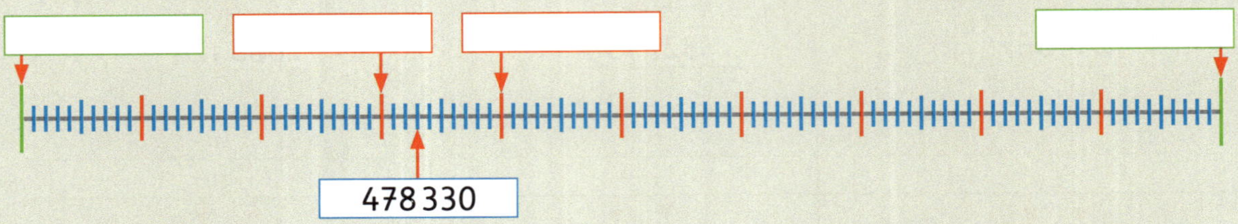

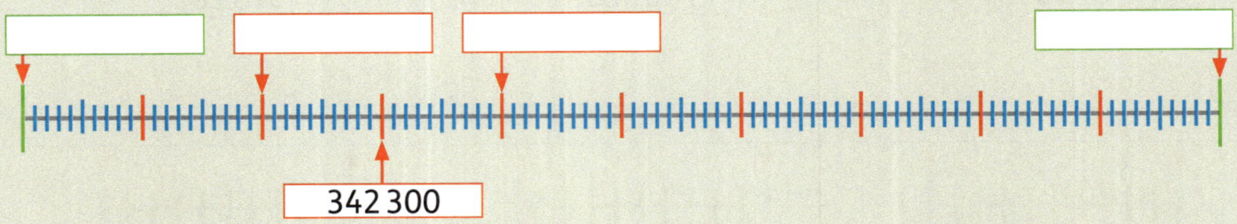

44 Welche Zahl könnte es sein?

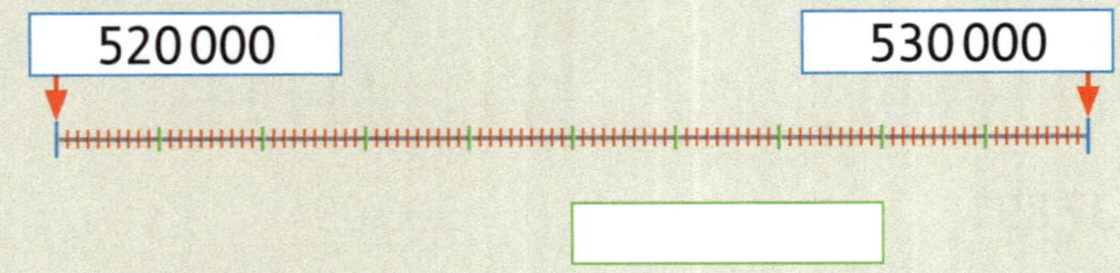

Es könnte die Zahl ______ sein, weil sie nahe bei ______ liegt.

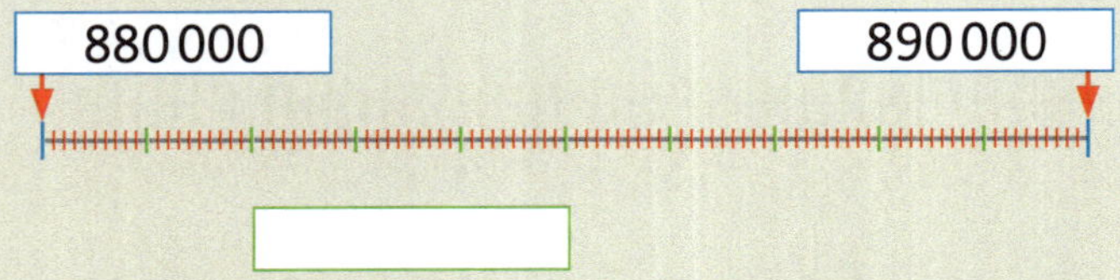

Es könnte die Zahl ______ sein, weil sie zwischen ______ und ______ liegt.

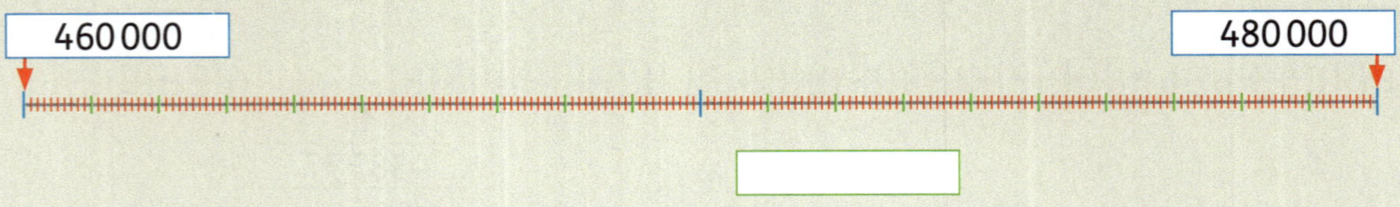

45

VH	Z	NH
	10549	
	564703	
	340078	
	673099	

VT	Z	NT
	51632	
	721587	
	926526	
	899254	

VZT	Z	NZT
	72463	
	586316	
	718075	
	999999	

VZT	Z	NZT
	259789	
	438300	
	664899	
	803572	

VHT	Z	NHT
	126703	
	367840	
	648200	
	879438	

VHT	Z	NHT
	578294	
	802300	
	903691	
	999999	

VH	VZ	V	Z	N	NZ	NH
			100000			
			245789			
			789432			
			599021			

VHT	VZT	VT	Z	NT	NZT	NHT
			100000			
			245789			
			789432			
			599021			

So kannst du die Mitte zwischen zwei Zahlen finden:

Wie groß ist der Unterschied zwischen den beiden Zahlen? _____

Wie viele Zahlen stehen in dieser Hälfte? + _____

Wie viele Zahlen stehen in dieser Hälfte? – _____

300 000 | 400 000 | 500 000

_____ ist die Mitte zwischen _____ und _____.

46 Finde die Mitte.

80 000 – 90 000	200 000 – 400 000	450 000 – 650 000
480 000 – 560 000	820 000 – 890 000	630 000 – 750 000
270 000 – 420 000	235 000 – 265 000	1 520 – 3 480

47 Finde die Mitte zwischen

396 000 und 400 000
56 000 und 61 000

940 000 und 1 000 000
7 050 und 8 550

267 000 und 347 000
468 000 und 421 000

48 Zähle weiter.

In 1er-Schritten:

16 200, 16 201, ___, ___, ___, ___

443 478, 443 479, ___, ___, ___, ___

719 700, ___, ___, ___, ___, ___

In 10er-Schritten:

17 200, 17 210, ___, ___, ___, ___

385 249, 385 259, ___, ___, ___, ___

627 500, ___, ___, ___, ___, ___

In 100er-Schritten:

18 200, 18 300, ___, ___, ___, ___

829 384, 829 484, ___, ___, ___, ___

463 600, ___, ___, ___, ___, ___

In 1 000er-Schritten:

16 200, 17 200, ___, ___, ___, ___

273 519, 274 519, ___, ___, ___, ___

738 400, ___, ___, ___, ___, ___

In 10 000er-Schritten:

16 200, 26 200, ___, ___, ___, ___

638 253, 648 253, ___, ___, ___, ___

823 800, ___, ___, ___, ___, ___

In 100 000er-Schritten:

16 200, 116 200, ___, ___, ___, ___

319 526, 419 526, ___, ___, ___, ___

621 900, ___, ___, ___, ___, ___

Millionenreihe

49 Zähle weiter. Beschreibe das Muster.

100 000, 200 000, 300 000, ___, ___ Immer ___
250 000, 300 000, 350 000, ___, ___ Immer ___
30 000, 60 000, 90 000, ___, ___ Immer ___
312 000, 313 000, 314 000, ___, ___ Immer ___
990 000, 980 000, 970 000, ___, ___ Immer ___
150 000, 120 000, 170 000, ___, ___ ___
222 000, 200 000, 244 000, ___, ___ ___

50 Zähle weiter.

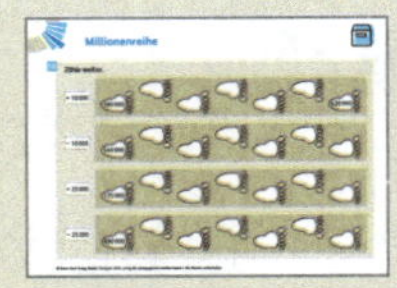

51 Ordne die Zahlen der Größe nach. Beginne mit der kleinsten Zahl.

250 000 | 125 000 | 770 000 | 710 000 | 270 000 | 275 000

123 000 | 23 000 | 321 000 | 231 000 | 132 000 | 32 000

82 300 | 83 200 | 32 880 | 302 880 | 803 220 | 800 003

52 >, <, =?

210 000 ☐ 12 000	100 000 ☐ 10 000	725 000 ☐ 752 000
23 000 ☐ 230 000	999 110 ☐ 999 111	571 413 ☐ 517 134
44 444 ☐ 50 000	53 999 ☐ 9 531	1 111 ☐ 11 111
1 000 000 ☐ 1 000 000	814 561 ☐ 821 511	99 199 ☐ 98 124

Zahlen runden

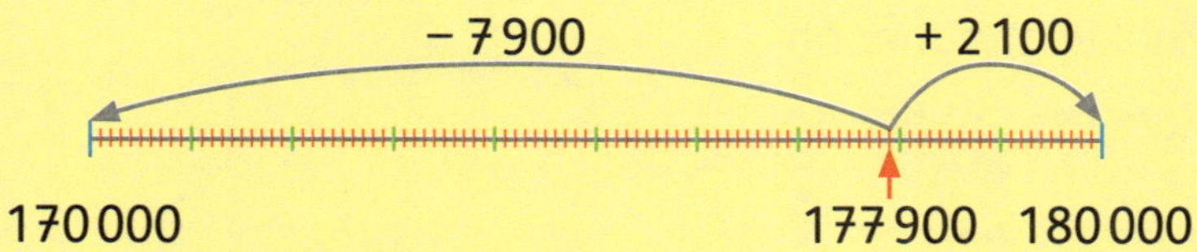

Du kannst eine Zahl runden, indem du sie durch den näher gelegenen Nachbarn ersetzt. So kannst du dir die Zahl einfacher merken und sie mit anderen Zahlen vergleichen.

Die Zahl 177 900 liegt näher an 178 000.
177 900 runde ich auf: 177 900 ≈ 178 000

Runde auf	177 921
Z 177 921	177 920
H 177 921	177 900
T 177 921	178 000
ZT 177 921	180 000
HT 177 921	200 000

= gleich
≈ ungefähr gleich
Entscheidungsstelle
Rundungsstelle

53

In das BVB-Stadion passen 80 645 Fans.

Das sind ungefähr 81 000 Menschen.

Warum ist es sinnvoll zu runden? Erkläre.

54 Entscheide. Runde ab oder runde auf. Welcher Zehner ist näher?

8 693 ≈ ______ Die Zahl liegt näher an ______.
14 781 ≈ ______ Die Zahl liegt näher an ______.
203 999 ≈ ______ ______.
155 ≈ ______ ______.

Wird zum nächsten Zehner gerundet, kontrolliere den Einer.
Ist der Einer eine 0, 1, 2, ___, ___, dann runde ab. Ist der Einer eine 5, 6, ___, ___ oder ___, dann runde auf.
Wird zum nächsten Hunderter gerundet, kontrolliere den Zehner.

Zahlen runden

55 Entscheide. Runde ab oder runde auf. Welcher Hunderter ist näher?

237 ≈ ___ Die Zahl liegt näher an ___.
1 964 ≈ ___ Die Zahl liegt näher an ___.
28 742 ≈ ___ ___.
999 999 ≈ ___ ___.

56 Entscheide. Runde ab oder runde auf. Welcher Tausender ist näher?

408 ≈ ___ Die Zahl liegt näher an ___.
3 271 ≈ ___ Die Zahl liegt näher an ___.
8 734 ≈ ___ ___.
999 999 ≈ ___ ___.

57 Entscheide. Runde ab oder runde auf. Welcher Zehntausender ist näher?

6 219 ≈ ___ Die Zahl liegt näher an ___.
12 974 ≈ ___ Die Zahl liegt näher an ___.
58 125 ≈ ___ ___.
999 999 ≈ ___ ___.

58 Entscheide. Runde ab oder runde auf. Welcher Hunderttausender ist näher?

177 345 ≈ ___ Die Zahl liegt näher an ___.
438 343 ≈ ___ Die Zahl liegt näher an ___.
703 129 ≈ ___ ___.
999 999 ≈ ___ ___.

59

Runde	auf Hunderttausender	auf Zehntausender	auf Tausender	auf Hunderter	auf Zehner
23 887					
144 276					
13 512					
17 029					
546 304					
138 223					
972 098					

Zählen und Zahlen bis 1 000 000

Datum:

Ich kann Hunderttausender, Zehntausender und Tausender als Zahlwort und in der Stellenwerttafel darstellen und lesen.						
Ich kann Plättchen-Bewegungen in der Stellenwerttafel verstehen.						
Ich kann Zahlen am Millionenleporello benennen.						
Ich kann Zahlen am Zahlenstrahl darstellen.						
Ich kann Zahlen der Größe nach sortieren.						
Ich kann in Schritten zählen.						
Ich kann Vorgänger, Nachfolger, Vorgängerzehner und Nachfolgerzehner benennen.						
Ich kann Vorgängertausender und Nachfolgertausender benennen.						
Ich kann Vorgängerzehntausender und Nachfolgerzehntausender benennen.						
Ich kann Vorgängerhunderttausender und Nachfolgerhunderttausender benennen.						
Ich kann die Mitte zwischen zwei Zahlen finden.						
Ich kann eine Zahl runden.						

Das muss ich noch üben:

Unterschrift Kind:

Unterschrift Lehrer:

Unterschrift Eltern:

Im Kopf addieren

2 HT + 3 HT

200 000 + 300 000

1

300 000 + 400 000

Erkläre, wie du rechnest.

2

500 000 + 300 000 = ___	700 000 + 200 000 = ___
5 HT + 3 HT = ___	7 HT + 2 HT = ___
700 000 + 100 000 = ___	500 000 + 100 000 = ___
7 HT + 1 HT = ___	5 HT + 1 HT = ___
400 000 + 300 000 = ___	600 000 + 400 000 = ___
4 HT + 3 HT = ___	6 HT + 4 HT = ___

3

600 000 + 200 000 = ___	___ + ___ = ___
___ HT + ___ HT = ___	8 HT + 2 HT = ___
500 000 + 400 000 = ___	___ + ___ = ___
___ HT + ___ HT = ___	4 HT + 2 HT = ___
300 000 + 600 000 = ___	___ + ___ = ___
___ HT + ___ HT = ___	5 HT + 3 HT = ___
100 000 + 800 000 = ___	___ + ___ = ___
___ HT + ___ HT = ___	2 HT + 5 HT = ___

Im Kopf addieren

100 000 50 000 1 000 400 30 2 + 100 000

151 432 + 100 000

Achte darauf, welche Stellen sich verändern:

151 432	+	1	=	151 433
151 432	+	10	=	151 442
151 432	+	100	=	151 542
151 432	+	1 000	=	152 431
151 432	+	10 000	=	162 431
151 432	+	100 000	=	251 432

4 Rechne.

880 000 + 2 = ☐

880 000 + 20 = ☐

880 000 + 200 = ☐

880 000 + 3 = ☐

880 000 + 30 = ☐

880 000 + 300 = ☐

5 Welche Stelle ändert sich?

6 Rechne.

112 400 + 2 000 = ☐

112 400 + 3 000 = ☐

112 400 + 4 000 = ☐

112 400 + 5 000 = ☐

112 400 + 6 000 = ☐

663 500 + 1 000 = ☐

663 500 + 2 000 = ☐

663 500 + 3 000 = ☐

663 500 + 4 000 = ☐

663 500 + 5 000 = ☐

486 200 + 5 000 = ☐

486 200 + 6 000 = ☐

486 200 + 7 000 = ☐

993 000 + 5 000 = ☐

993 000 + 6 000 = ☐

993 000 + 7 000 = ☐

Im Kopf addieren

7

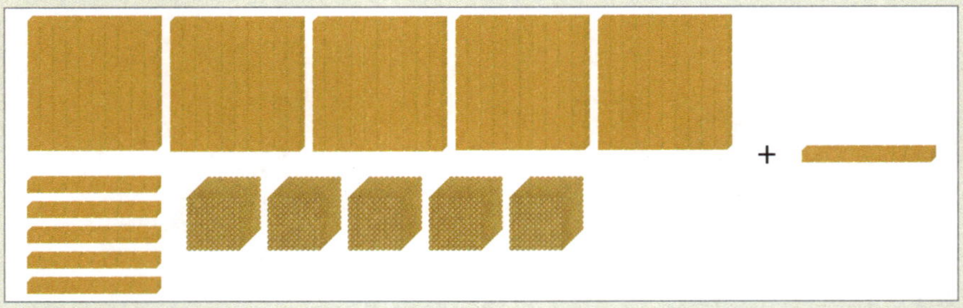

555 000 + ______ = ______

Welche Stelle ändert sich? ______

8 Rechne.

440 000 + 30 000 =
440 000 + 40 000 =
440 000 + 50 000 =

623 000 + 40 000 =
623 000 + 50 000 =
623 000 + 60 000 =

850 000 + 40 000 =
850 000 + 50 000 =
850 000 + 60 000 =

51 600 + 60 000 =
51 600 + 70 000 =
51 600 + 80 000 =

9

______ + ______ = ______

Welche Stelle ändert sich? ______

10 Rechne.

333 333 + 100 000 =
333 333 + 200 000 =
333 333 + 300 000 =
333 333 + 400 000 =

123 456 + 500 000 =
123 456 + 600 000 =
123 456 + 700 000 =
123 456 + 800 000 =

770 000 + 100 000 =
770 000 + 200 000 =
770 000 + 300 000 =
770 000 + 400 000 =

Im Kopf addieren

11 Rechne und setze fort.

+ 100 000

500 000 → 600 000 → 700 000 → … → …

150 000 → 200 000 → 250 000 → … → …

490 000 → 510 000 → 530 000 → … → …

12 Rechne.

400 000 + 1 =	550 000 + 2 =	627 000 + 300 000 =
400 000 + 10 =	550 000 + 20 =	627 000 + 30 000 =
400 000 + 100 =	550 000 + 200 =	627 000 + 3 000 =
400 000 + 1 000 =	550 000 + 2 000 =	627 000 + 300 =
400 000 + 10 000 =	550 000 + 20 000 =	627 000 + 30 =
400 000 + 100 000 =	550 000 + 200 000 =	627 000 + 3 =

13 Jetzt bist du dran. Denke dir zu diesen drei Startaufgaben drei eigene Päckchen aus.

430 000 + 3 =   540 000 + 4 =   870 000 + 100 000 =

14 Rechne. Was fällt dir auf?

+ 45   + 450

200 005 → 200 050 → 200 500 → 205 000 → 250 000

300 007 → 300 070 → 300 700 → 307 000 → 370 000

700 009 → 700 090 → 700 900 → 709 000 → 790 000

Im Kopf addieren

15 Rechne die Aufgaben mit dem 90er-Trick.

2 228 + 90 =
9 752 + 90 =

6 237 + 90 =
5 976 + 90 =

80 179 + 90 =
99 853 + 90 =

34 881 + 90 =
405 788 + 90 =

Bei Aufgaben wie **33 867 + 900** kannst du es dir leichter machen, wenn du so rechnest:

33 867 + 1 000 − 100

Dieser Trick heißt 900er-Trick.

16 Rechne die Aufgaben mit dem 900er-Trick.

31 748 + 900 =
68 549 + 900 =
125 231 + 900 =
235 888 + 900 =
99 560 + 900 =
1 320 744 + 900 =

17 Wie rechnest du?

592 335 + 9000

18 Erkläre den 9 000er-Trick.

19 Rechne die Aufgaben mit dem 9 000er-Trick.

38 751 + 9 000 =
879 312 + 9 000 =

72 834 + 9 000 =
46 390 + 9 000 =

917 660 + 9 000 =
15 033 + 9 000 =

253 413 + 9 000 =
622 099 + 9 000 =

20 Denke dir selbst Aufgaben mit dem 90 000-Trick aus.

Im Kopf addieren

21 Wie rechnest du?

45 827 + 3 999

Bei Aufgaben wie **32 736 + 3 999** kannst du es dir leichter machen, wenn du so rechnest:
32 736 + 4 000 − 1 Dieser Trick heißt „Nahe beim Tausender".

So geht er:
Die 3 999 liegt nahe bei der 4 000. Sie ist nur um 1 kleiner als 4 000. Deshalb rechne ich zuerst 32 736 + 4 000. Das kann ich im Kopf rechnen. Ich habe aber 1 Einer zu viel addiert. Diesen 1 Einer muss ich jetzt wieder subtrahieren.

22 Rechne mit dem Trick „Nahe beim Tausender".

51 107 + 5 999 =

890 233 + 6 997 =

7 999 + 1 312 =

5 998 + 16 386 =

Bei Aufgaben wie **701 430 + 27 999** kannst du es dir leichter machen, wenn du so rechnest:
701 430 + 28 000 − 1 Dieser Trick heißt „Nahe beim Zehntausender".

So geht er:
Die 27 999 liegt nahe bei der 28 000. Sie ist nur um 1 kleiner als 28 000. Deshalb rechne ich zuerst 701 430 + 28 000. Das kann ich im Kopf rechnen. Ich habe aber 1 Einer zu viel addiert. Diesen 1 Einer muss ich jetzt wieder subtrahieren.

23 Rechne mit dem Trick „Nahe beim Zehntausender".

22 824 + 57 999 =

13 750 + 39 990 =

62 995 + 630 811 =

91 985 + 355 768 =

Zu ZT, HT, M ergänzen

Der Zahlenstrahl kann dir helfen, wenn du zum nächsten Zehntausender ergänzen musst.

Von 35 217 bis 40 000:

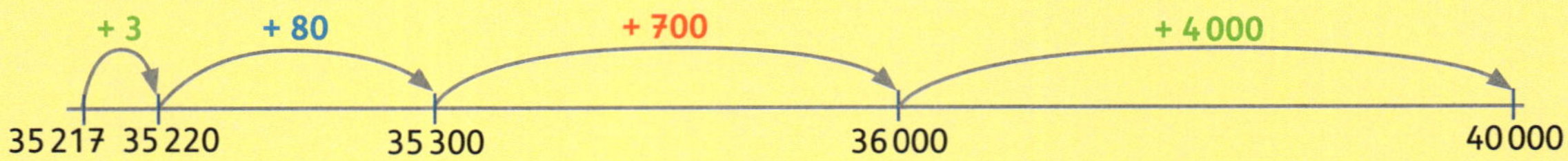

35 217 + 4 783 = 40 000

24 Ergänze in Schritten zu Zehntausend. Zeichne die Sprünge ein.

3 074 — 10 000

3 074 + ☐ = 10 000

2 359 — 10 000

2 359 + ☐ = 10 000

8 912 — 10 000

8 912 + ☐ = 10 000

4 607 — 10 000

4 607 + ☐ = 10 000

25 Ergänze zu Zehntausend.

4 000 + ☐ = 10 000
2 500 + ☐ = 10 000
7 300 + ☐ = 10 000
4 480 + ☐ = 10 000
3 640 + ☐ = 10 000

8 650 + ☐ = 10 000
1 937 + ☐ = 10 000
5 413 + ☐ = 10 000
7 969 + ☐ = 10 000
524 + ☐ = 10 000

26 Finde Aufgaben, bei denen du bis zur 10 000 ergänzt. Vergleiche mit deinem Partner.

Zu ZT, HT, M ergänzen

27 Ergänze zu Zehntausend. Setze fort.

10 000	10 000	10 000
6 600 +	8 917 +	+
5 500 +	7 826 +	+
4 400 +	6 735 +	+
+	+	+
+	+	+

28 Ergänze zum nächsten Zehntausender.

2 222 + ___ = ___
2 223 + ___ = ___
2 224 + ___ = ___
2 225 + ___ = ___

Was fällt dir auf?

6 740 + ___ = ___
6 730 + ___ = ___
6 720 + ___ = ___
6 710 + ___ = ___

Was fällt dir auf?

78 750 + ___ = ___
78 625 + ___ = ___
78 500 + ___ = ___
78 375 + ___ = ___

Was fällt dir auf?

5 000 + ___ = ___
500 + ___ = ___
50 + ___ = ___
5 + ___ = ___

Was fällt dir auf?

29 Ergänze zum nächsten Zehntausender.

13 700 + 6 300 = 20 000
47 950 + ___ = ___
58 360 + ___ = ___

72 531 + ___ = ___
65 909 + ___ = ___
4 624 + ___ = ___

Zu ZT, HT, M ergänzen

Der Zahlenstrahl kann dir helfen, wenn du zum nächsten Hunderttausender ergänzen musst.

Von 468 732 bis 500 000:

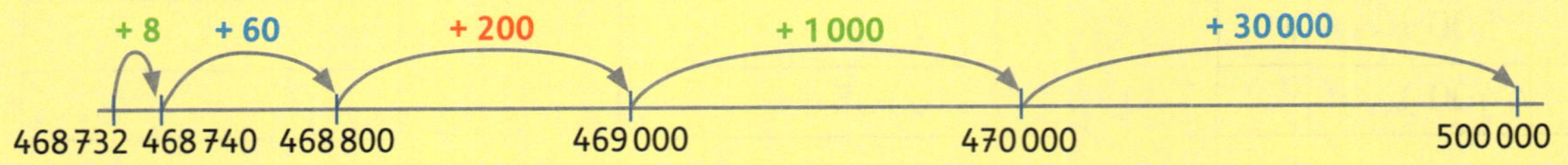

468 732 + 31 268 = 500 000

30 Ergänze zu Hunderttausend.

40 000 +		= 100 000	81 450 +		= 100 000
36 000 +		= 100 000	26 590 +		= 100 000
18 500 +		= 100 000	97 305 +		= 100 000
54 800 +		= 100 000	40 692 +		= 100 000
67 200 +		= 100 000	9 427 +		= 100 000

31 Finde Aufgaben, bei denen du bis zur 100 000 ergänzt.
Vergleiche mit deinem Partner.

32 Ergänze zu Hunderttausend. Setze fort.

100 000
10 000 +
20 000 +
30 000 +
+
+

100 000
71 618 +
62 527 +
53 436 +
+
+

100 000
+
+
+
+
+

33 Ergänze zum nächsten Hunderttausender.

136 000 +		=		729 312 +		=	
281 000 +		=		894 673 +		=	
457 750 +		=		659 094 +		=	
563 600 +		=		4 624 +		=	

Zu ZT, HT, M ergänzen

Der Zahlenstrahl kann dir helfen, wenn du zu einer Million ergänzen sollst.

Von 768 732 bis 1 000 000:

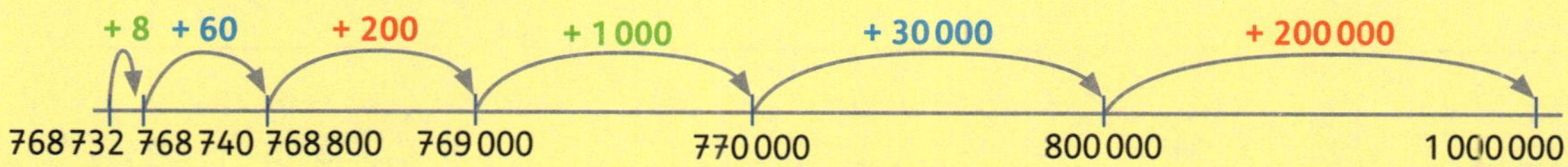

768 732 + 231 268 = 1 000 000

34 Ergänze zu einer Million.

600 000 +	= 1 000 000	374 000 +	= 1 000 000
530 000 +	= 1 000 000	861 250 +	= 1 000 000
280 000 +	= 1 000 000	910 582 +	= 1 000 000
490 000 +	= 1 000 000	10 600 +	= 1 000 000
703 000 +	= 1 000 000	70 943 +	= 1 000 000
306 000 +	= 1 000 000	45 807 +	= 1 000 000

35 Finde Aufgaben, bei denen du bis zur 1 000 000 ergänzt. Stelle sie deinem Partner.

36 Ergänze zu 1 000 000. Setze fort.

1 000 000	1 000 000	1 000 000
100 000 +	267 000 +	+
300 000 +	356 000 +	+
500 000 +	445 000 +	+
+	+	+
+	+	+

37 Rechne aus.

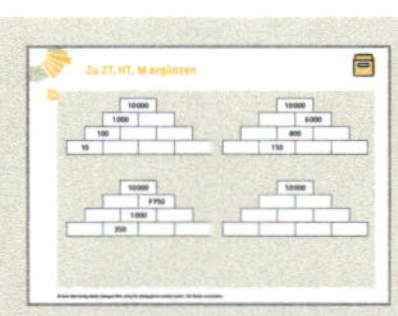

Schriftlich addieren

38 Rechne.

	HT	ZT	T	H	Z	E
	1	2	3	4	5	6
+	6	5	4	3	2	1

	HT	ZT	T	H	Z	E
	3	4	9	1	2	4
+	5	3	2	8	7	3

	HT	ZT	T	H	Z	E
	7	4	5	6	8	8
+		2	3	5	7	7

	HT	ZT	T	H	Z	E
	6	0	5	7	8	3
+	3	1	5	4	1	9

	HT	ZT	T	H	Z	E
	4	2	8	3	5	7
+	4	8	2	7	5	3

	HT	ZT	T	H	Z	E
	7	8	5	4	2	3
+	2	1	4	5	7	7

	HT	ZT	T	H	Z	E
	2	4	3	6	4	1
+	3	1	1	2	2	1
+	1	4	5	1	3	7

	HT	ZT	T	H	Z	E
	4	0	2	3	6	0
+	1	3	0	6	2	9
+	3	1	7	0	3	2

	HT	ZT	T	H	Z	E
	2	8	6	5	0	9
+	5	1	6	2	7	1
+	1	1	1	5	4	1

39 Rechne schriftlich.

7 246 + 19 567
247 923 + 443 123
328 062 + 583 021
500 468 + 268 761
823 764 + 97 645

435 289 + 23 780
567 126 + 15 486
678 423 + 67 824
891 672 + 1 897
567 834 + 154 397

267 641 + 121 001 + 311 337
478 924 + 125 674 + 246 781
789 345 + 34 120 + 1 999
329 017 + 98 631 + 2 639
163 784 + 462 798 + 9 832

40 Bilde Additionsaufgaben: die Summe soll größer als 650 000 sein.

275 250 164 873 158 364 466 636 485 127 374 750 264 872

41 Welche Fehler wurden hier gemacht?
Trage den entsprechenden Buchstaben in das Kästchen ein.
Schreibe die Aufgaben richtig in dein Heft.

a) Übertrag fehlt immer
b) ein Übertrag fehlt
c) Übertrag zu viel
d) nicht stellengerecht geschrieben
e) Rechenfehler in der Einerstelle
f) Rechenfehler in der Zehnerstelle
g) Rechenfehler in der Hunderterstelle
h) Rechenfehler in der Tausenderstelle
i) Rechenfehler in der Zehntausenderstelle
j) Rechenfehler in der Hunderttausenderstelle

	HT	ZT	T	H	Z	E
	4	7	6	5	3	1
+	3	4	1	0	7	1
	1					
	8	1	7	6	0	2

	HT	ZT	T	H	Z	E
	3	7	6	9	5	1
+	2	4	3	1	0	9
	5	1	9	1	5	0

	HT	ZT	T	H	Z	E
	8	5	7	1	6	3
+	1	3	9	9		
		1	1			
	9	9	7	0	6	2

	HT	ZT	T	H	Z	E
	1	0	7	5	2	4
+	1	1	1	1	1	1
+	6	7	2	5	3	0
		1	1			
	8	9	1	1	5	5

	HT	ZT	T	H	Z	E
	5	4	1	3	9	1
+		3	1	0	2	1
+				2	1	7
				1		
	5	1	2	6	2	9

	HT	ZT	T	H	Z	E
	5	2	6	4	1	8
+	3	5	2	5	7	0
+	1	2	0	1	0	4
			1		1	
	8	9	9	0	9	2

	HT	ZT	T	H	Z	E
		2	4	1	9	9
+	5	8	7	6	2	5
	1	1	1	1	1	
	6	1	2	8	2	4

	HT	ZT	T	H	Z	E
	6	0	7	5	1	8
+		1	3	7	6	9
		1	1		1	
	6	2	1	2	8	6

	HT	ZT	T	H	Z	E
	1	9	7	8	0	2
+		6	3	4	1	5
	1	1	1			
	2	6	1	3	1	7

42 Spielt das Spiel *Triff die 10 000*!

Schriftlich addieren

43 Addiere immer zwei Zahlenkarten.

34 624 | 102 674 | 99 157 | 821 749 | 789 623 | 273 961 | 1 378

Die schriftliche Addition

	3	1	5	6	2	1	← der erste Summand
+	1	5	1	0	1	2	← der zweite Summand
	4	6	6	6	3	3	← die Summe

a) Die Summe soll gerade sein.

b) Die Summe soll ungerade sein.

c) Die Summe soll eine 5-stellige Zahl sein.

d) Die Summe soll zwischen 200 000 und 300 000 liegen.

44 Löse die Zahlenrätsel.

Addiere die Summe aus 221 678 und 17 435 zu 9 781.

Bilde die Summe aus 537 321 und 367 890.

Addiere die Summe aus 1678 und 456 231 zu der Summe aus 33 674 und 146 174.

Die Summe ist 600 000. Der erste Summand ist 367 296.

Addiere 645 231 und 131 683. Wie viel fehlt noch zu 800 000?

Die Summe ist 798 354. Der zweite Summand ist 7 682.

Finde drei Summanden, die die Summe 674 120 ergeben.

45 Ergänze die fehlenden Ziffern.

	HT	ZT	T	H	Z	E
	3	0		6	2	0
+	6	9	1	3		1
		9	2	9	7	1

	HT	ZT	T	H	Z	E
	7	2	1	0	8	4
+		8	5	7	0	6
	1				1	
	9	0		7	9	

	HT	ZT	T	H	Z	E
	6	0	4	2	3	0
+				5	7	9
				1		
	6	0	8			9

	HT	ZT	T	H	Z	E
	4		9	3	8	5
+	3	6	0		3	5
	1			1	1	
		5	9	8	2	

	HT	ZT	T	H	Z	E
		7	6	0	8	3
+	4	5		8		9
	1	1		1	1	
	8		3	9	4	2

	HT	ZT	T	H	Z	E
	7	3	6	4		6
+		0		5	8	9
		1	1	1	1	
	9	4	4	0	1	5

	HT	ZT	T	H	Z	E
	4	7	4	5	3	0
+			1	7	5	2
+					8	7
			2	1		
	4	9	7	1	6	

	HT	ZT	T	H	Z	E
	3	1	1	1	1	
+	4	5		2	7	3
+	1	2	8	4	0	5
		1				
	8		4	7	8	9

	HT	ZT	T	H	Z	E
	6	0	1	7	2	8
+		6	2	2	8	
+	1	0	8	9	1	0
		1	1	1	1	
	8		2	9	2	3

46 Rechne die Aufgabe aus.

	HT	ZT	T	H	Z	E
	3	5	3	2	1	7
+	2	1	8	5	2	4

a)

+						

b)

+						

c)

+						

a) Erhöhe beide Einer um 1. Rechne die Aufgabe aus.
Vergleiche mit der Ausgangsaufgabe. Was fällt dir auf? Erkläre.

b) Erhöhe wieder beide Einer um 1. Rechne die Aufgabe aus.
Vergleiche mit der Ausgangsaufgabe. Was fällt dir auf? Erkläre.

c) Das Ergebnis soll um 6 größer sein als die Ausgangsaufgabe.
Wie kannst du das erreichen, indem du nur die Einer veränderst?

47 Die Rechenmaschine

120 500 + 8 500 | 124 371 + 91 462 | 718 111 + 2 989 | 732 720 + 1 280 + 189

354 789 + 42 673 + 12 631 | 447 892 + 123 651 + 321 673 | 44 812 + 900

648 317 + 9 000 | ______ | ______

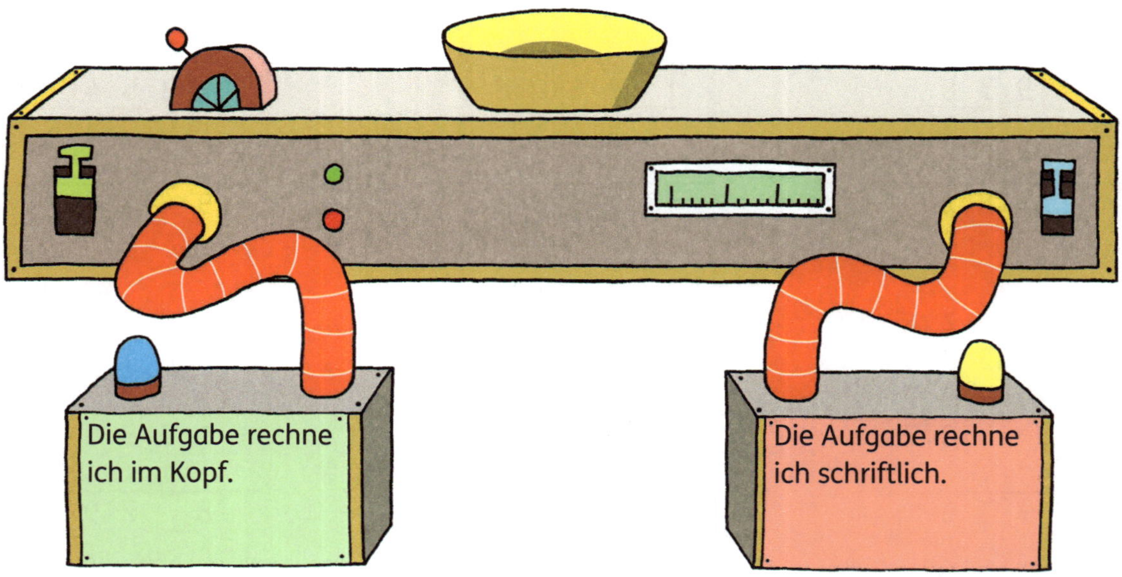

Warum rechnest du die Aufgaben im Kopf?

Warum rechnest du die Aufgaben schriftlich?

Ich rechne die Aufgaben im Kopf, weil

Ich rechne die Aufgaben schriftlich, weil

Überschlagen

Überschlage, wenn du wissen möchtest, was bei einer Rechnung ungefähr herauskommt.

Überschlage, wenn du eine schriftliche Rechnung überprüfen möchtest.

Du musst die Zahlen vorher runden, damit du im Kopf rechnen kannst.

7 458 + 2 047 ≈ 9 500
Ü: 7 500 + 2 000 = 9 500

48 Überschlage. Runde vorher auf die Hunderterstelle.

23 777 + 499 ≈	10 901 + 91 999 ≈	6 189 + 33 451 ≈
51 463 + 717 ≈	48 856 + 82 734 ≈	4 571 + 69 329 ≈

49 Überprüfe die Rechnungen mit einem Überschlag. Kreuze an.

98 112 + 1 599 = 99 711 ✓ ✗
Ü: ______

45 382 + 1 621 = 48 003 ✓ ✗
Ü: ______

333 015 + 169 = 333 184 ✓ ✗
Ü: ______

191 214 + 8 787 = 199 991 ✓ ✗
Ü: ______

3 866 + 106 945 = 112 801 ✓ ✗
Ü: ______

356 198 + 561 877 = 818 075 ✓ ✗
Ü: ______

50 Überschlage und sortiere. Male das Kästchen passend an.

☐ 31 762 + 28 901 ≈ ______	☐ 2 735 + 701 228 ≈ ______
☐ 36 777 + 38 159 ≈ ______	☐ 15 436 + 54 832 ≈ ______
☐ 67 322 + 3 709 ≈ ______	☐ 45 843 + 2 917 ≈ ______
☐ 6 946 + 42 999 ≈ ______	☐ 26 378 + 27 659 ≈ ______

Reihenfolgezahlen

51 Was ist eine Reihenfolgezahl? Vermute.

52 Rechne die Reihenfolgezahlen aus.

2 + 3 + 4 + 5 + 6 =	22 + 23 + 24 =	34 + 35 + 36 + 37 =
18 + 19 + 20 =	54 + 55 =	8 + 9 + 10 + 11 + 12 + 13 =

53 Erfinde eigene Reihenfolgezahlen. Rechne sie aus.

54 Rechne aus. Setze das Muster fort.

4 + 5 + 6 + 7 =	1 + 2 + 3 =	27 + 28 =	16 + 17 + 18 =
6 + 7 + 8 + 9 =	3 + 4 + 5 =	27 + 28 + 29 =	14 + 15 + 16 =
8 + 9 + 10 + 11=	5 + 6 + 7 =	27 + 28 + 29 + 30 =	12 + 13 + 14 =
...	...	...	...
...	...	...	...

55 Bilde Additionsaufgaben aus 3 und aus 5 Reihenfolgezahlen.
Rechne sie geschickt aus.

Was fällt dir auf?

56 Was haben die Aufgaben mit 3, 5, 7 oder 9 Reihenfolgezahlen gemeinsam?

57 Gibt es 5 Reihenfolgezahlen mit der Summe 35? Begründe.

58 Überlege dir eine Summe unter 20.
Wie viele Reihenfolgeaufgaben gibt es zu dieser Summe? Finde alle Aufgaben.

59 Berechne die Summe aller Zahlen von 1 bis 20. Wie rechnest du?

Die Gauß-Aufgabe hat ihren Namen von dem berühmten Mathematiker Carl Friedrich Gauß.

Als er zehn Jahre alt war, stellte sein Lehrer der Klasse die Aufgabe:
Berechne die Summe aller Zahlen von 1 bis 100.

Der Lehrer dachte dies sei eine besonders schwierige Aufgabe, aber Carl Friedrich Gauß überlegte sich einen geschickten Rechenweg und löste die Aufgabe viel schneller als die anderen Kinder.

60 Überlege: welchen Trick hat der kleine Gauß genutzt?

61 Rechne die Gauß Aufgabe:
Berechne die Summe aller Zahlen von 1 bis 100.

Tipp: Nutze die Hundertertafel.
Rechne geschickt.

1	2	3	4	5	6	7	8	9	10
11	12	13	14	15	16	17	18	19	20
21	22	23	24	25	26	27	28	29	30
31	32	33	34	35	36	37	38	39	40
41	42	43	44	45	46	47	48	49	50
51	52	53	54	55	56	57	58	59	60
61	62	63	64	65	66	67	68	69	70
71	72	73	74	75	76	77	78	79	80
81	82	83	84	85	86	87	88	89	90
91	92	93	94	95	96	97	98	99	100

62 Erklärt euch gegenseitig, wie ihr die Aufgabe gelöst habt.

63 Berechne die Summe aller Zahlen von 1–200.

Addition bis 1 000 000

Datum:

Ich kann einfache Additionsaufgaben im Kopf ausrechnen.								
Ich benutze Tricks, um Additionsaufgaben geschickt zu rechnen.								
Ich kann zum nächsten ZT ergänzen.								
Ich kann zum nächsten HT ergänzen.								
Ich kann zu einer Million ergänzen.								
Ich kann Additionsaufgaben schriftlich rechnen.								
Ich kann Additionsaufgaben überschlagen.								

Das muss ich noch üben:

Unterschrift Kind:

Unterschrift Lehrer:

Unterschrift Eltern:

Im Kopf subtrahieren

400 000 60 000 2 000 400 70 8 – 100 000

462 478 – 100 000

Achte darauf, welche Stellen sich verändern:

462 478	–	1	=	462 477
462 478	–	10	=	462 468
462 478	–	100	=	462 378
462 478	–	1 000	=	461 478
462 478	–	10 000	=	452 578
462 478	–	100 000	=	362 478

1 Rechne.

666 666 – 2 = ☐

666 666 – 20 = ☐

666 666 – 200 = ☐

666 666 – 3 = ☐

666 666 – 30 = ☐

666 666 – 300 = ☐

2 Welche Stelle ändert sich?

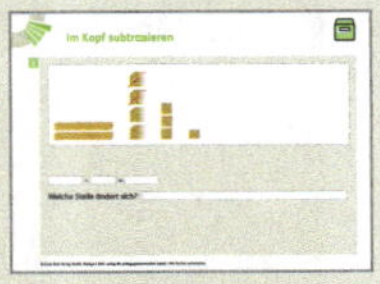

3 Rechne.

337 100 – 2 000 = ☐

337 100 – 3 000 = ☐

337 100 – 4 000 = ☐

828 345 – 6 000 = ☐

828 345 – 7 000 = ☐

828 345 – 8 000 = ☐

674 123 – 1 000 = ☐

674 123 – 2 000 = ☐

674 123 – 3 000 = ☐

213 000 – 5 000 = ☐

213 000 – 6 000 = ☐

213 000 – 7 000 = ☐

Im Kopf subtrahieren

4

777 000 – ______ = ______

Welche Stelle ändert sich? ______

5 Rechne.

880 000 – 30 000 = ______

880 000 – 40 000 = ______

880 000 – 50 000 = ______

793 208 – 70 000 = ______

793 208 – 80 000 = ______

793 208 – 90 000 = ______

385 061 – 60 000 = ______

385 061 – 70 000 = ______

385 061 – 80 000= ______

230 000 – 40 000 = ______

230 000 – 50 000 = ______

230 000 – 60 000 = ______

6

______ – ______ = ______

Welche Stelle ändert sich? ______

7 Rechne.

555 555 – 100 000 =

555 555 – 200 000 =

555 555 – 300 000 =

555 555 – 400 000 =

987 654 – 500 000 =

987 654 – 600 000 =

987 654 – 700 000 =

987 654 – 800 000 =

550 000 – 170 000 =

550 000 – 270 000 =

550 000 – 370 000 =

550 000 – 470 000 =

Im Kopf subtrahieren

Der Zahlenstrahl kann dir helfen, wenn du zurück zum nächsten Tausender rechnen musst.

Von 459 617 bis 459 000:

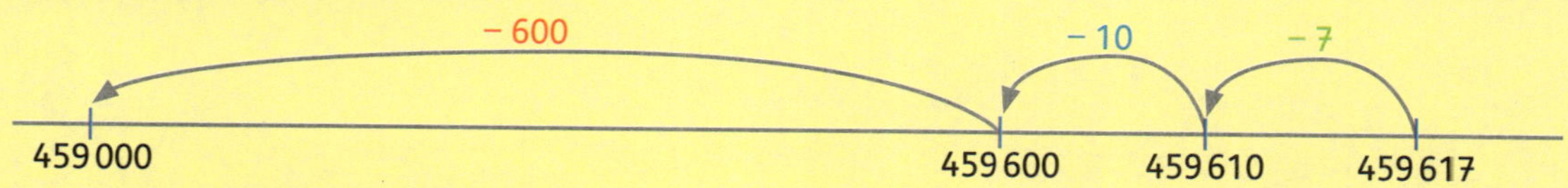

459 617 – 617 = 459 000

8 Rechne zurück zum nächsten Tausender.

13 599 – ___ = ___	678 452 – ___ = ___
22 492 – ___ = ___	985 204 – ___ = ___
37 636 – ___ = ___	851 309 – ___ = ___
99 974 – ___ = ___	109 627 – ___ = ___
88 715 – ___ = ___	201 936 – ___ = ___

Der Zahlenstrahl kann dir helfen, wenn du zurück zum nächsten Zehntausender rechnen musst.

Von 93 875 bis 90 000:

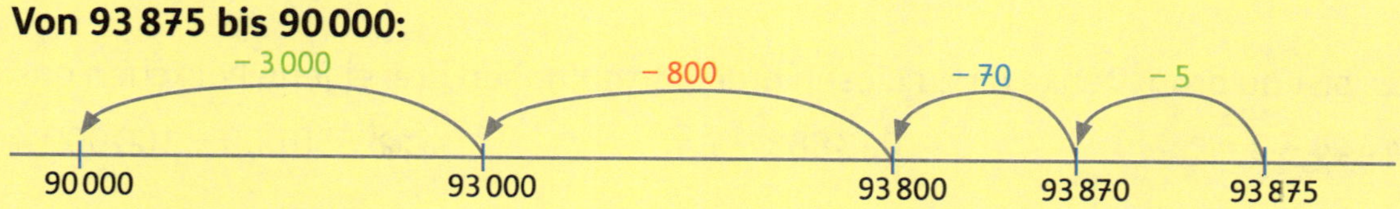

93 875 – 3 875 = 90 000

9 Rechne zurück zum nächsten Zehntausender.

66 903 – ___ = ___	972 565 – ___ = ___
98 765 – ___ = ___	329 607 – ___ = ___
167 242 – ___ = ___	481 014 – ___ = ___
782 371 – ___ = ___	648 346 – ___ = ___
512 498 – ___ = ___	111 783 – ___ = ___

10 Denke dir selbst Aufgaben „zurück zum Hunderttausender“ aus.

Im Kopf subtrahieren

11 Rechne und setze fort.

– 100 000 | ___ | ___ | ___

700 000 → 600 000 → 500 000 → ___ → ___

___ | ___ | ___ | ___

650 000 → 630 000 → 610 000 → ___ → ___

___ | ___ | ___ | ___

810 000 → 735 000 → 660 000 → ___ → ___

12 Rechne.

999 999 – 1 =
999 999 – 10 =
999 999 – 100 =
999 999 – 1 000 =
999 999 – 10 000 =
999 999 – 100 000 =

346 678 – 2 =
346 678 – 20 =
346 678 – 200 =
346 678 – 2 000 =
346 678 – 20 000 =
346 678 – 200 000 =

720 000 – 300 000 =
720 000 – 30 000 =
720 000 – 3 000 =
720 000 – 300 =
720 000 – 30 =
720 000 – 3 =

13 Jetzt bist du dran. Denke dir zu diesen drei Startaufgaben drei eigene Päckchen aus.

444 444 – 3 =
888 888 – 7 =
550 000 – 100 000 =

14 Rechne. Was fällt dir auf?

– 50 000 | ___ | ___ | ___

355 555 → 305 555 → 300 555 → 300 055 → 300 005

___ | ___ | ___ | ___

577 777 → 577 770 → 577 700 → 577 000 → 570 000

___ | ___ | ___ | ___

999 999 → 999 997 → 999 977 → 999 777 → 997 777

Im Kopf subtrahieren

15 Rechne die Aufgaben mit dem 90er-Trick.

8 946 – 90 =
6 374 – 90 =

16 824 – 90 =
37 683 – 90 =

207 531 – 90 =
568 868 – 90 =

991 282 – 90 =
404 576 – 90 =

Bei Aufgaben wie **8 746 – 900** kannst du es dir leichter machen, wenn du so rechnest:

8 746 – 1 000 + 100

Dieser Trick heißt 900er-Trick.

16 Rechne die Aufgaben mit dem 900er-Trick.

24 184 – 900 =
32 500 – 900 =
64 328 – 900 =
49 717 – 900 =
982 587 – 900 =
1 680 446 – 900 =

17 Wie rechnest du?

72 847 – 9 000

18 Erkläre den 9 000er-Trick.

19 Rechne die Aufgaben mit dem 9 000er-Trick.

56 213 – 9 000 =
87 401 – 9 000 =

228 113 – 9 000 =
161 802 – 9 000 =

386 941 – 9 000 =
698 354 – 9 000 =

423 897 – 9 000 =
503 482 – 9 000 =

20 Denke dir selbst Aufgaben mit dem 90 000-Trick aus.

Im Kopf subtrahieren

21 Wie rechnest du?

68 463 – 6 999

Bei Aufgaben wie **32 736 – 4 999** kannst du es dir leichter machen, wenn du so rechnest:
32 736 – 5 000 + 1 Dieser Trick heißt „Nahe beim Tausender“.

So geht er:
Die 4 999 liegt nahe bei der 5 000. Sie ist nur um 1 kleiner als 5 000. Deshalb rechne ich zuerst 32 736 – 5 000. Das kann ich im Kopf rechnen. Ich habe aber 1 Einer zu viel subtrahiert. Diesen 1 Einer muss ich jetzt wieder addieren.

22 Rechne mit dem Trick „Nahe beim Tausender“.

17 803 – 8 999 =

25 304 – 7 997 =

956 707 – 2 999 =

29 675 – 4 998 =

Bei Aufgaben wie **173 987 – 29 999** kannst du es dir leichter machen, wenn du so rechnest:
173 987 – 30 000 + 1 Dieser Trick heißt „Nahe beim Zehntausender“.

So geht er:
Die 29 999 liegt nahe bei der 30 000. Sie ist nur um 1 kleiner als 30 000. Deshalb rechne ich zuerst 173 987 – 30 000. Das kann ich im Kopf rechnen. Ich habe aber 1 Einer zu viel subtrahiert. Diesen 1 Einer muss ich jetzt wieder addieren.

23 Rechne mit dem Trick „Nahe beim Zehntausender“.

54 784 – 19 995 =

173 987 – 29 999 =

763 449 – 39 890 =

Im Kopf subtrahieren

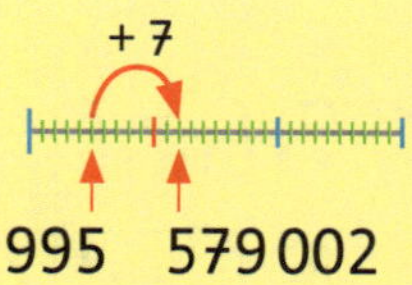

Die Zahlen sind nah beieinander. → Ich ergänze: 578 995 + ☐ = 579 002

Die Zahlen sind weit auseinander. → Ich subtrahiere: 578 995 – 489 617 = ☐

24 Entscheide.

576 505 – 567 890 = ☐ Die Zahlen sind ☐.

199 999 – 199 991 = ☐ Die Zahlen sind ☐.

348 210 – 129 150 = ☐ Die Zahlen sind ☐.

989 002 – 988 996 = ☐ Die Zahlen sind ☐.

1 000 000 – 999 992 = ☐ Die Zahlen sind ☐.

462 578 – 457 239 = ☐ Die Zahlen sind ☐.

25 Welche Aufgabe ist leichter? Kreuze an.

☐ 583 215 – 583 199 = ☐
☐ 583 199 + ☐ = 583 215

☐ 8 729 + ☐ = 8 804
☐ 8 804 – 8 729 = ☐

☐ 46 596 – 46 037 = ☐
☐ 46 037 + ☐ = 46 596

☐ 908 877 + ☐ = 909 152
☐ 909 152 – 908 877 = ☐

Tausche dich mit einem anderen Kind aus.

26 Wie rechnest du? Ergänzen oder Subtrahieren?

E 689 572 – 688 998 = ☐

☐ 431 014 – 430 637 = ☐

☐ 792 303 – 791 506 = ☐

☐ 645 719 – 463 922 = ☐

☐ 564 837 – 448 295 = ☐

☐ 375 189 – 374 880 = ☐

☐ 821 364 – 807 926 = ☐

☐ 956 492 – 736 754 = ☐

Schriftlich subtrahieren

27 Rechne.

	HT	ZT	T	H	Z	E
	8	6	7	3	9	6
−	6	3	2	1	6	4

	HT	ZT	T	H	Z	E
	7	4	9	7	2	9
−	5	3	1	3	7	5

	HT	ZT	T	H	Z	E
	5	8	1	4	2	7
−	2	9	8	6	1	9

	HT	ZT	T	H	Z	E
	6	3	5	6	1	8
−		1	4	0	6	9

	HT	ZT	T	H	Z	E
	7	4	0	4	3	2
−	5	3	1	9	7	5

	HT	ZT	T	H	Z	E
	6	2	2	0	1	7
−	1	4	3	0	4	8

	HT	ZT	T	H	Z	E
	3	1	4	9	0	1
−		8	7	3	5	6

	HT	ZT	T	H	Z	E
	9	0	6	3	5	5
−		2	6	7	0	9

	HT	ZT	T	H	Z	E
	8	4	3	0	0	4
−	6	7	2	1	6	4

28 Rechne schriftlich.

52 127 − 11 026
834 269 − 21 398
513 821 − 324 897
773 231 − 453 783
978 042 − 589 981

493 139 − 104 761
507 926 − 35 887
804 794 − 90 945
479 012 − 68 917
526 308 − 47 239

568 768 − 121 111 − 211 334
974 593 − 601 240 − 323 121
878 965 − 13 421 − 2 467
789 489 − 34 120 − 10 999
652 670 − 154 154 − 1 401

29 Welche Fehler wurden hier gemacht? Kreise ein.
Berichtige die Aufgaben in deinem Heft.

	HT	ZT	T	H	Z	E
	4	7	8	2	4	6
−		1	1	5	0	1
	4	8	9	7	4	7

	HT	ZT	T	H	Z	E
					1	13
	9	6	3	7	~~2~~	3
−	5	3	1	4	0	5
	3	3	2	3	1	7

	HT	ZT	T	H	Z	E
				3	11	
	4	3	5	~~4~~	1	8
−	1	1	6	0	5	7
	7	2	1	3	6	1

	HT	ZT	T	H	Z	E
		7	11		4	11
	7	~~8~~	~~1~~	3	~~5~~	~~1~~
−	6	7	2	1	6	4
	1	0	9	2	2	7

	HT	ZT	T	H	Z	E
			5	15	14	12
	5	6	~~4~~	~~4~~	~~3~~	2
−	5	2	2	8	7	9
	0	4	3	7	7	3

	HT	ZT	T	H	Z	E
			7	15		
	4	9	~~8~~	5	3	9
−	2	5	3	7		
	4	9	6	0	0	2

Schriftlich subtrahieren

30 Subtrahiere immer zwei Zahlenkarten.

742 742 | 501 999 | 39 411 | 221 520 | 29 523 | 143 965 | 2 577

Die schriftliche Subtraktion

	3	8	6	8	3	7	← der Minuend
−	2	5	2	0	1	5	← der Subtrahend
	1	3	4	8	2	2	← die Differenz

a) Die Differenz soll gerade sein.

b) Die Differenz soll ungerade sein.

c) Die Differenz soll eine 5-stellige Zahl sein.

d) Die Differenz soll zwischen 200 000 und 300 000 liegen.

31 Löse die Zahlenrätsel.

Die Differenz ist 300 000. Der Minuend ist 677 777.

Bilde die Differenz aus 928 301 und 77 456.

Subtrahiere 733 155 und 121 541. Wie viel musst du noch abziehen, um die Zahl 500 000 zu erhalten?

Subtrahiere 9 781 von der Differenz aus 567 987 und 123 456.

Die Differenz ist 232 167. Der Subtrahend ist 32 167.

Finde zwei Zahlen, deren Differenz 567 432 ist. Finde drei Zahlen, deren Differenz 352 561 ist.

Schriftlich subtrahieren

32 Spielt das Spiel *Die kleinere Differenz gewinnt.*

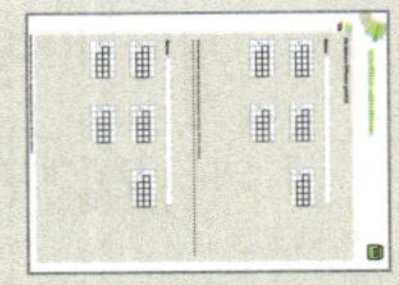

33 Ergänze die fehlenden Ziffern.

	HT	ZT	T	H	Z	E
		4	1	7	5	9
−		3		5	1	0
	4	1	1	2	4	

	HT	ZT	T	H	Z	E
	6	0	7	5		4
−	4		9	2	0	1
	1	7	8		3	3

	HT	ZT	T	H	Z	E
	5	4		2	1	
−		1	2	3	4	5
		3	0	8	6	5

	HT	ZT	T	H	Z	E
	8	4	0	7	2	4
−	6	5	9		3	
	1		1	0	8	9

	HT	ZT	T	H	Z	E
	9	7	3	1		1
−	3	2		3	8	9
	6		1	7	1	2

	HT	ZT	T	H	Z	E
	7	8		2	3	1
−		9	1	0	2	1
	4	8	9	2		0

	HT	ZT	T	H	Z	E
	5		9	0	8	5
−	1	2	5		4	5
−		7	9	3	1	0
	3	7	4	6	3	

	HT	ZT	T	H	Z	E
		5	1	1	1	
−	1	4	7	5	3	0
−	2	6	8	2	1	4
	5	3		3	7	1

	HT	ZT	T	H	Z	E
	4	3	2	5	7	
−		2	9	1	5	5
−	2	1	1	7	2	5
		9	1		9	0

34 1 2 3 4 5 6 7 8 9 0

Lege eine Subtraktionsaufgabe aus den Ziffern. Schreibe die Aufgabe auf.
Rechne sie aus.

a) Erhöhe bei deiner Aufgabe beide Einer um 1.
Vergleiche diese Aufgabe mit deiner ersten Aufgabe.
Was fällt dir auf? Erkläre.

b) Das Ergebnis soll um 2 kleiner sein als das deiner Aufgabe.
Wie kannst du das erreichen, indem du nur die Einer veränderst?
Suche verschiedene Möglichkeiten. Wie viele findest du?

35 Die Rechenmaschine

777 777 − 1 986 | 89 452 − 678 | 520 180 − 210 010 | 350 000 − 250 − 99

567 345 − 173 500 − 1 500 | 667 123 − 44 351 − 2 671 | 65 756 − 900

874 934 − 9 000

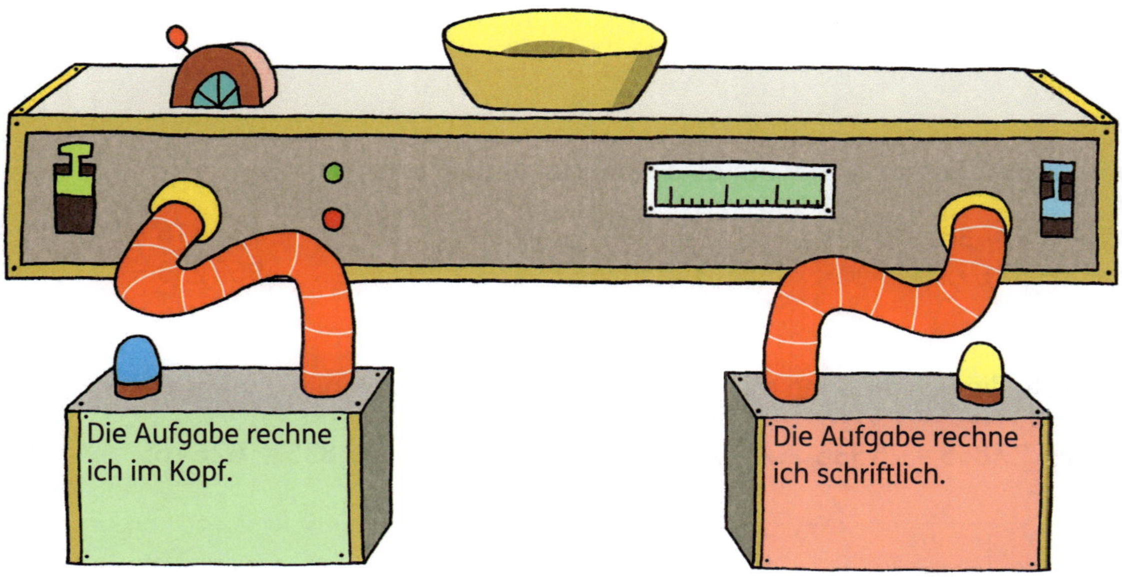

Warum rechnest du die Aufgaben im Kopf?

Ich rechne die Aufgaben im Kopf, weil

Warum rechnest du die Aufgaben schriftlich?

Ich rechne die Aufgaben schriftlich, weil

Überschlagen

Überschlage, wenn du wissen möchtest, was bei einer Rechnung ungefähr herauskommt.

Überschlage, wenn du eine schriftliche Rechnung überprüfen möchtest.

Du musst die Zahlen vorher runden, damit du im Kopf rechnen kannst.

34 867 − 3 946 ≈ 31 000
Ü: 35 000 − 4 000 = 31 000

36 Überschlage. Runde vorher auf die Hunderterstelle.

47 879 − 23 488 ≈
62 465 − 38 673 ≈

119 234 − 24 111 ≈
354 716 − 71 389 ≈

781 116 − 567 729 ≈
969 239 − 422 568 ≈

37 Überprüfe die Rechnungen mit einem Überschlag. Kreuze an.

64 391 − 27 855 = 26 536 ✓ ✗
Ü: ______

629 001 − 2 835 = 626 166 ✓ ✗
Ü: ______

436 515 − 53 999 = 372 584 ✓ ✗
Ü: ______

98 612 − 7 585 = 92 027 ✓ ✗
Ü: ______

95 222 − 78 119 = 17 103 ✓ ✗
Ü: ______

300 598 − 92 687 = 203 911 ✓ ✗
Ü: ______

38 Überschlage und sortiere. Male das Kästchen passend an.

- [ ] 95 626 − 16 919 ≈ ______
- [ ] 142 455 − 72 990 ≈ ______
- [ ] 293 856 − 234 921 ≈ ______
- [ ] 899 329 − 828 329 ≈ ______
- [ ] 309 278 − 278 101 ≈ ______
- [ ] 819 684 − 81 489 ≈ ______
- [ ] 455 901 − 395 685 ≈ ______
- [ ] 595 505 − 506 688 ≈ ______

Buchstabenzahlen

39 Das ist eine Buchstabenzahl. Schaue dir die Zahl genau an.
Was fällt dir auf?

Diese Zahlen heißen ANNA oder OTTO-Zahlen. Du bildest sie, indem du zwei unterschiedliche Ziffern zwischen 0 und 9 auswählst. Die Ziffern an der E- und T-Stelle und an der Z- und H-Stelle müssen immer gleich sein.

ANNA
3 773

OTTO
1 331

40 Bilde einige vierstellige Buchstabenzahlen. Schreibe immer eine Zahl auf ein Kärtchen.

41 Legt eure Zahlenkärtchen zusammen. Sortiert doppelte aus.
Ordnet die Zahlen der Größe nach. Schreibt alle Zahlen geordnet auf ein Blatt.

Wie könnt ihr sicher sein, dass ihr alle gefunden habt? Begründet.

42 Bilde Aufgaben mit ANNA-Zahlen.
Subtrahiere die kleinere ANNA-Zahl von der größeren ANNA-Zahl.
Rechne mindestens 12 Aufgaben.

Beispiel: 7 227 – 2 772 =

Tausche dich mit einem Partner aus.

Buchstabenzahlen

43 Schaue dir die Ergebnisse von deinen Aufgaben genau an.
a) Was fällt dir bei den Ergebnissen auf?

b) Wie viele unterschiedliche Ergebnisse hast du gefunden?

c) Wie viele Aufgaben hast du zu den unterschiedlichen Ergebnissen gefunden?

d) Erkläre, wie du die Aufgaben geschickt finden kannst.

44 Lege die Zahl 2 332 mit Plättchen in die Stellenwerttafel.
Verschiebe die Plättchen so, dass die Zahl 3 223 entsteht.
Wie ändern sich die Stellenwerte? Berechne die Differenz.

45 Untersucht weitere Beispiele an der Stellenwerttafel. Schreibt die Veränderungen in den einzelnen Stellenwerten auf.

46 Untersuche die Buchstabenzahlen. Wie werden sie gebildet? Erkläre.
3 477 6 933 1 588 2 655 7 866
Bilde fünf weitere Zahlen.

47 Berechne die Differenz dieser Buchstabenzahlen.
Beispiel: 7 866 – 6 678

48 Berechne die Quersumme der Ergebnisse.
Was fällt dir auf?

7 866
Quersumme: 7 + 8 + 6 + 6 = 27

49 Untersuche die Buchstabenzahlen. Wie werden sie gebildet? Erkläre.
36 336 80 880 91 991 4 544 72 772
Bilde fünf weitere Zahlen.

Selbsteinschätzung

Subtraktion bis 1 000 000

Datum:

Ich kann einfache Subtraktionsaufgaben im Kopf ausrechnen.						
Ich kann zum nächsten T zurück rechnen.						
Ich kann zum nächsten ZT zurück rechnen.						
Ich kann zum nächsten HT zurück rechnen.						
Ich benutze Tricks, um Subtraktionsaufgaben geschickt zu rechnen.						
Ich kann Subtraktionsaufgaben schriftlich rechnen.						
Ich kann Subtraktionsaufgaben überschlagen.						

Das muss ich noch üben:

Unterschrift Kind:

Unterschrift Lehrer:

Unterschrift Eltern:

Im Kopf multiplizieren

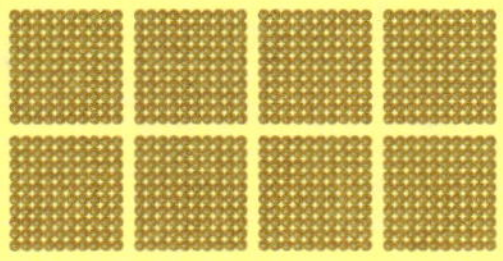

2 · 4H = 8H
2 · 400 = 800

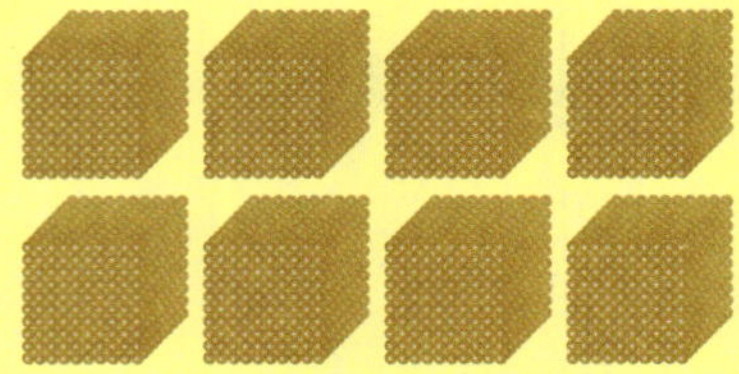

2 · 4T = 8T
2 · 4000 = 8000

1 Rechne.

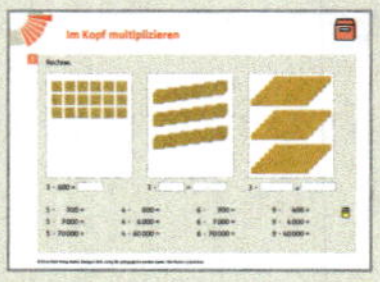

2 Rechne. Trage das Ergebnis in die Stellenwerttafel ein.

	HT	ZT	T	H	Z	E
2 · 300 =						
2 · 3000 =						
2 · 30000 =						

	HT	ZT	T	H	Z	E
4 · 200 =						
4 · 2000 =						
4 · 20000 =						

	HT	ZT	T	H	Z	E
3 · 400 =						
3 · 4000 =						
3 · 40000 =						

	HT	ZT	T	H	Z	E
6 · 700 =						
6 · 7000 =						
6 · 70000 =						

Was fällt dir auf?

3 Rechne.

1 · 40000 =
7 · 40000 =
4 · 40000 =

3 · 70000 =
5 · 70000 =
7 · 70000 =

2 · 80000 =
4 · 80000 =
6 · 80000 =

5 · 90000 =
6 · 90000 =
8 · 90000 =

Im Kopf multiplizieren

4 Rechne die Tabelle aus.

·	1	10	100	1 000
1				
10				
100				
1 000				

Schaue dir die Ergebnisse genau an. Was fällt dir auf?

5 Rechne die Tabelle aus.

·	5	50	500	5 000
7				
70				
700				
7 000				

Markiere in der Tabelle gleiche Ergebnisse in der gleichen Farbe.

Was fällt dir auf?

6 Finde selbst solche Malaufgaben. Vergleiche mit einem Partner.

3 600	42 000	400 000	
·	·	·	·
·	·	·	·
·	·	·	·
·	·	·	·

7 Rechne und vergleiche.

6 · 7 = ☐	8 · 3 = ☐
60 · 7 = ☐	80 · 3 = ☐
600 · 7 = ☐	800 · 3 = ☐
6 000 · 7 = ☐	8 000 · 3 = ☐
60 000 · 7 = ☐	80 000 · 3 = ☐

Was fällt dir auf?

Erfinde zwei Aufgaben.

8 Wie oft musst du mit 10 multiplizieren?

60 = 6 · 10	480 = 48 · ☐	7 390 = ☐
600 = 6 · 10 · 10	4800 = ☐	73 900 = ☐
6 000 = 6 · 10 · 10 · 10	48 000 = ☐	739 000 = ☐

9 Rechne.

30 · 400 = ☐	60 · 6 = ☐	90 · 50 = ☐
30 · 5 000 = ☐	60 · 20 = ☐	90 · 600 = ☐
30 · 6 000 = ☐	60 · 3 000 = ☐	90 · 7 000 = ☐
30 · 70 = ☐	60 · 40 = ☐	90 · 80 = ☐
30 · 900 = ☐	60 · 7 000 = ☐	90 · 900 = ☐

10 Rechne.

16 000 = ☐ · 40	36 000 = ☐ · 60	63 000 = ☐ · 90
20 000 = ☐ · 40	42 000 = ☐ · 60	72 000 = ☐ · 90
24 000 = ☐ · 40	48 000 = ☐ · 60	81 000 = ☐ · 90

11 Mit welcher Zahl wurde multipliziert?

☐ · 500 = 250 000	☐ · 80 = 64 000	☐ · 9 = 6 300
☐ · 6 = 36 000	☐ · 4 = 320 000	☐ · 60 = 480 000
☐ · 30 = 270 000	☐ · 60 = 540 000	☐ · 80 = 72 000

Im Kopf multiplizieren

12 Wie rechnest du?

5 · 399

Bei Aufgaben wie 4 · 299 kannst du es dir leichter machen, wenn du so rechnest:
4 · 300 – 4 · 1

Dieser Trick heißt „Nahe beim Hunderter“.

So geht er:
Die 299 liegt nahe bei der 300. Sie ist nur um 1 größer als 299. Deshalb rechne ich zuerst 4 · 300. Das kann ich im Kopf rechnen. Ich habe aber 4 · 1 Einer zu viel multipliziert. Diese 4 · 1 Einer muss ich jetzt wieder subtrahieren.

Achtung: Rechne immer zuerst die Punktaufgaben!

13 Rechne mit dem Trick „Nahe beim Hunderter“.

6 · 299 =

8 · 599 =

7 · 499 =

9 · 298 =

3 · 198 =

5 · 597 =

6 · 296 =

4 · 396 =

14 Rechne schnell im Kopf. Schreibe die Ergebnisse auf.

5 · 9 =	7 · 9 =	4 · 7 =
5 · 99 =	7 · 98 =	4 · 97 =
5 · 999 =	7 · 998 =	4 · 997 =
5 · 9999 =	7 · 9998 =	4 · 9997 =
5 · 99999 =	7 · 99998 =	4 · 99997 =

Halbschriftlich multiplizieren

15 Wie rechnest du?

67 · 82

16 Rechne.

23 · 91 =

·	90	1	
20			
3			

35 · 69 =

·			

58 · 76 =

·			

87 · 46 =

·			

36 · 57 =

·			

65 · 48 =

·			

17 Rechne stellenweise.

5	7	·	3	2	=
		·			=
		·			=
		·			=
		·			=

Rechne so auch diese Aufgaben:

21 · 54 = 48 · 96 = 76 · 18 = 85 · 67 =

18 Rechne stellenweise oder mit dem Malkreuz.

76 · 47 = 4611 · 3 = 1207 · 9 = 833 · 14 = 365 · 128 =

54 · 89 = 3561 · 6 = 13642 · 8 = 283 · 95 = 403 · 756 =

Schriftlich multiplizieren

So multipliziere ich halbschriftlich:

ZT	T	H	Z	E				ZT	T	H	Z	E
	4	2	3	1	·	2						
				1	·	2	=					2
			3	0	·	2	=				6	0
		2	0	0	·	2	=			4	0	0
	4	0	0	0	·	2	=		8	0	0	0
							=		8	4	6	2

4231 · 2 =

So multipliziere ich schriftlich:

ZT	T	H	Z	E		
	4	2	3	1	·	2
			8	4	6	2

So spreche ich:

2 · 1 E ist gleich 2 E, schreibe 2 E
2 · 3 Z ist gleich 6 Z, schreibe 6 Z
2 · 2 H ist gleich 4 H, schreibe 4 H
2 · 4 T ist gleich 8 T, schreibe 8 T

19 Versuche, den Rechenweg zu 4231 · 2 zu verstehen. Erkläre.

Was fällt dir auf?

20 Multipliziere schriftlich.

ZT	T	H	Z	E		
	3	8	2	1	·	3

ZT	T	H	Z	E		
	1	5	9	9	·	4

ZT	T	H	Z	E		
	5	2	3	8	·	7

ZT	T	H	Z	E		
	6	7	3	5	·	9

ZT	T	H	Z	E		
	4	3	1	6	·	5

ZT	T	H	Z	E		
	2	7	6	4	·	8

21 Multipliziere schriftlich.

4608 · 6 =
5870 · 4 =
8309 · 5 =
9036 · 7 =
20479 · 8 =
17094 · 3 =
16589 · 4 =
23647 · 6 =

Schriftlich multiplizieren

22 Warum musst du beim schriftlichen Multiplizieren immer bei den Einern beginnen?

23 Multipliziere zwei Zahlenkarten.

7321 | 7 | 2948 | 3 | 5386 | 5 | 971 | 394

a) Das Produkt soll gerade sein.

b) Das Produkt soll ungerade sein.

c) Das Produkt soll kleiner als 10 000 sein.

d) Das Produkt soll zwischen 20 000 und 40 000 liegen.

5 · 200 = 1 000

1. Faktor, 2. Faktor, Produkt

24 Welche Fehler wurden hier gemacht? Trage den entsprechenden Buchstaben im Kästchen ein. Schreibe die Aufgaben richtig in dein Heft.

	8	9	6	3	·	5
		4	4	8	0	5

	3	7	2	4	·	9
	3	3	4	8	3	6

	8	1	0	5	·	5
		3	0	5	2	5

1	3	6	6	7	·	3
		4	0	9	8	1

	3	5	7	9	·	4
			1	5	1	6

	9	2	8	3	6	·	8
		7	4	2	6	8	0

a) Fehler beim Multiplizieren

b) Übertrag vergessen zu addieren

c) Übertrag im Ergebnis aufgeschrieben

d) eine Stelle nicht multipliziert

25 Mit welcher Zahl wurde multipliziert?

5 9 7 · ☐	5 9 9 · ☐	8 2 3 · ☐
1 7 9 1	2 9 9 5	3 2 9 2
8 2 5 · ☐	3 9 4 · ☐	4 5 5 · ☐
3 3 0 0	3 5 4 6	3 1 8 5
6 3 8 2 · ☐	3 5 6 9 · ☐	9 2 7 8 · ☐
3 8 2 9 2	2 8 5 5 2	2 7 8 3 4

Erkläre deinen Lösungsweg.

26 Ergänze die fehlenden Ziffern.

4 ☐ 8 ☐ · 2	☐ 4 1 ☐ · 3	2 ☐ 4 3 1 · 4
9 5 6 2	1 6 2 5 4	1 0 9 7 2 4
8 0 ☐ 5 · 5	☐ 9 4 ☐ · 7	1 4 8 ☐ 2 · 7
4 0 1 7 5	5 5 5 8 0	1 0 3 6 1 4
4 ☐ 2 9 · 8	9 ☐ ☐ 6 · 6	3 1 9 ☐ ☐ · 8
3 7 0 3 2	5 4 7 5 6	2 5 5 8 1 6

27 Spielt das Spiel *Wer würfelt das größte Produkt?*

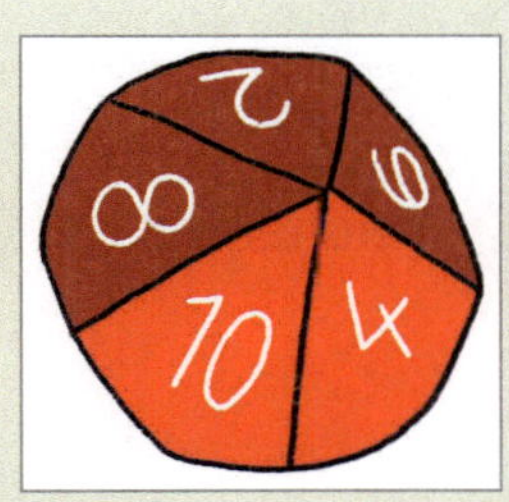

So geht es:
Würfelt abwechselnd viermal nacheinander mit einem Zehnerwürfel.
Multipliziert dann alle Zahlen miteinander, z. B.: 2 · 7 · 9 · 4 = 504
Wer das größte Produkt aus seinen vier gewürfelten Zahlen bilden kann, gewinnt die Runde und bekommt einen Punkt.

Gewinner: Wer nach zehn Runden die meisten Punkte hat, gewinnt das Spiel.

Schriftlich multiplizieren

28 Wie rechnest du?

263 · 45 =

29 Multipliziere schriftlich.

	T	H	Z	E			
	1	9	3	1	·	7	7

	T	H	Z	E			
	3	4	6	1	·	2	0

ZT	T	H	Z	E			
2	5	3	3	8	·	1	5

30 Multipliziere schriftlich.

5 300 · 82 =
4 600 · 57 =

8 007 · 64 =
3 095 · 76 =

45 109 · 21 =
38 708 · 19 =

31 Löse die Zahlenrätsel.

32 Vergleiche.

	3	6	7	·	5	2	8	=	1	9	3	7	7	6
	3	6	7	·	5	0	0	=	1	8	3	5	0	0
	3	6	7	·		2	0	=			7	3	4	0
	3	6	7	·			8	=			2	9	3	6

	3	6	7	·	5	2	8	
		1	8	3	5			
				7	3	4		
				2	9	3	6	
		1	9	3	7	7	6	

Welcher Rechenweg fällt dir leichter? Erkläre.

Schriftlich multiplizieren

33 Rechne. Vergleiche dann die beiden Aufgaben.

7459 · 16

16 · 7459

Was fällt dir auf?

34 Überschlage zuerst.

Ü:

4362 · 2

Ü:

8975 · 5

Ü:

16321 · 4

Ü:

52125 · 9

Ü:

136548 · 3

Ü:

95612 · 7

35 Bilde aus den Ziffernkarten 4, 5, 8, 9 eine dreistellige Zahl und eine einstellige Zahl. Das Produkt der beiden Zahlen soll so groß wie möglich sein.

Das größte Produkt:

Begründe, warum es kein größeres Produkt geben kann.

Schriftlich multiplizieren

36 Die Rechenmaschine

999 · 6	3782 · 4	19000 · 8	527819 · 3
250 · 3500	777000 · 7	45678 · 2	6009 · 9

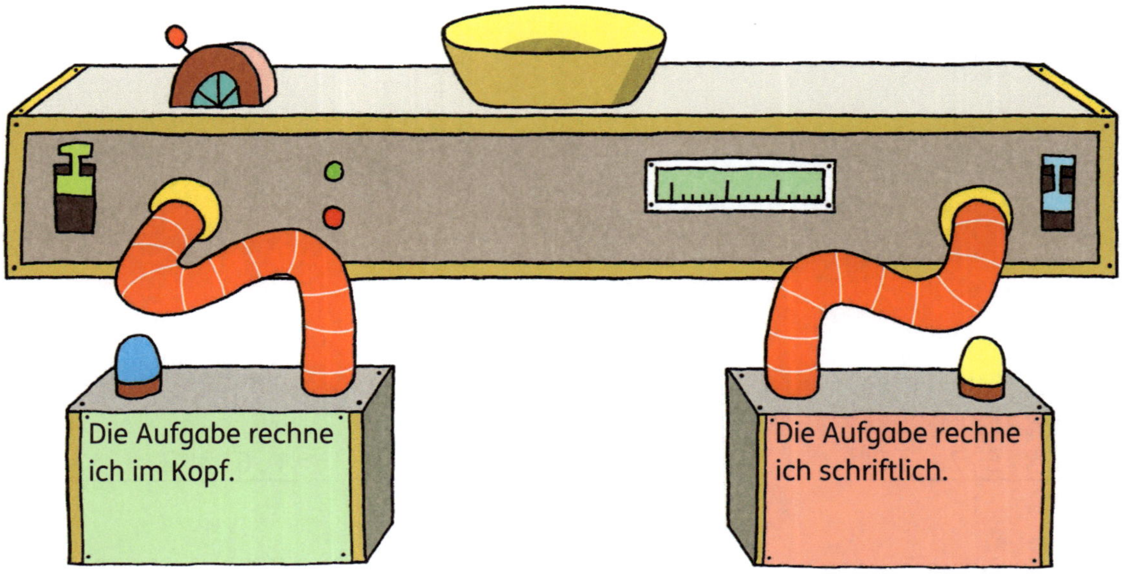

Warum rechnest du die Aufgaben im Kopf?

Ich rechne die Aufgaben im Kopf, weil

Warum rechnest du die Aufgaben schriftlich?

Ich rechne die Aufgaben schriftlich, weil

Im Kopf dividieren

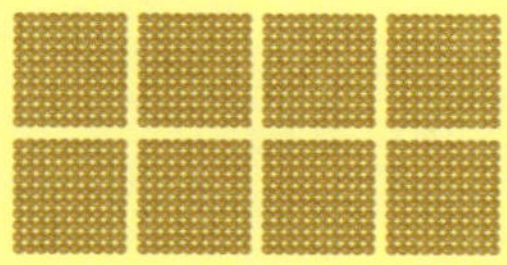

8 H : 2 = 4 H
800 : 2 = 400
2 · 400 = 800

8 T : 2 = 4 T
8000 : 2 = 4000
2 · 4000 = 8000

37

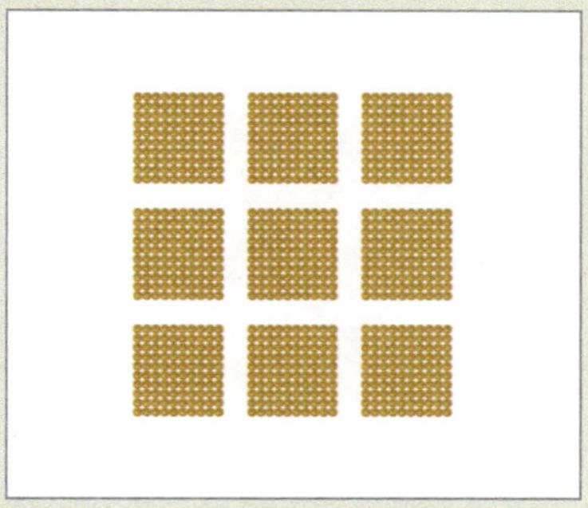

900 : 3 = ___

___ : ___ = ___

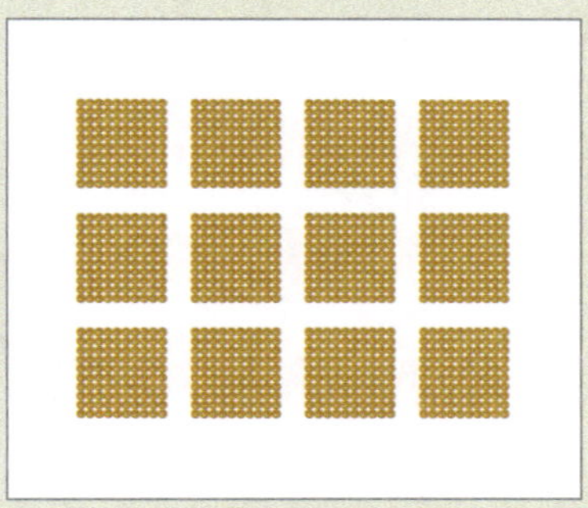

1200 : 3 = ___

___ : ___ = ___

38 Rechne. Trage das Ergebnis in die Stellenwerttafel ein. Was fällt dir auf?

	HT	ZT	T	H	Z	E
280 : 7 =						
2800 : 7 =						
28000 : 7 =						

	HT	ZT	T	H	Z	E
810 : 9 =						
8100 : 9 =						
81000 : 9 =						

39 Rechne.

8000 : 2 =
4500 : 5 =
2700 : 9 =

3600 : 6 =
16000 : 4 =
30000 : 3 =

72000 : 9 =
42000 : 6 =
250000 : 5 =

900000 : 9 =
280000 : 7 =
630000 : 7 =

Im Kopf dividieren

40 Rechne aus. Wie viele Nullen hat das Ergebnis?

	HT	ZT	T	H	Z	E
10 : 10 =						
100 : 10 =						
1 000 : 10 =						
10 000 : 10 =						
100 000 : 10 =						
1 000 000 : 10 =						

	HT	ZT	T	H	Z	E
36 : 9 =						
360 : 9 =						
3 600 : 9 =						
36 000 : 9 =						
360 000 : 9 =						

Was fällt dir auf?

41 Rechne die Aufgaben aus.

	HT	ZT	T	H	Z	E
500 000 : 5 =						
500 000 : 50 =						
500 000 : 500 =						
500 000 : 5 000 =						
500 000 : 50 000 =						

	HT	ZT	T	H	Z	E
350 000 : 7 =						
350 000 : 70 =						
350 000 : 700 =						
350 000 : 7 000 =						
350 000 : 70 000 =						

Was fällt dir auf?

Denke dir selbst solche Aufgaben aus.

42 Rechne.

2 700 : 3 =
270 : 30 =
2 700 : 300 =
27 000 : 30 =
270 000 : 3 000 =

4 200 : 7 =
42 000 : 70 =
4 200 : 700 =
420 000 : 700 =
420 000 : 7 =

540 : 6 =
540 : 60 =
54 000 : 6 =
540 000 : 6 000 =
54 000 : 600 =

43 Durch welche Zahl musst du dividieren?

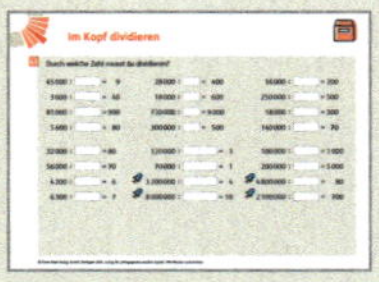

Im Kopf dividieren

44 Finde Divisionsaufgaben.

10 000	27 000	24 000	63 000
:	:	:	:
:	:	:	:
:	:	:	:
:	:	:	:

400 000	250 000	7 200	330 000
:	:	:	:
:	:	:	:
:	:	:	:
:	:	:	:

45 Rechne geschickt.

:	2	4	8
80 000			
88 000			
88 400			
88 440			
88 448			

:	3	6	9
630 000			
630 360			
630 036			
630 180			
630 018			

Wie löst du die Aufgaben geschickt? Erkläre.

46 Dividiere zwei Zahlenkarten. Es darf kein Rest entstehen.

7 000 | 70 | 27 000 | 3 | 3 000 | 560 000 | 9 000 | 8 | 90 000 | 210 000

47

Welche dreistellige Zahl kannst du im Kopf durch 6 teilen?

Welche vierstellige Zahl kannst du im Kopf durch 4 teilen?

Welche fünfstellige Zahl kannst du im Kopf durch 5 teilen?

Halbschriftlich dividieren

48 Zerlege geschickt und rechne aus. Rechne auch die Umkehraufgabe.

Tipp: Welche größtmögliche Zahl kannst du leicht durch ☐ teilen?

584 : 8 =
560 : 8 =

denn ☐ · 8 = 584

504 : 9 =

denn ☐ · 9 = 504

588 : 7 =

denn ☐ · 7 = 588

49 Zerlege geschickt und rechne aus. Rechne auch die Umkehraufgabe.

1172 : 2 =
1000 : 2 =
160 : 2 =
12 : 2 =

denn ☐ · 2 = 1172

1959 : 3 =

denn ☐ · 3 = 1959

4360 : 5 =

denn ☐ · 5 = 4360

2388 : 6 =

denn ☐ · 6 = 2388

5517 : 9 =

denn ☐ · ☐ = ☐

3367 : 7 =

denn ☐ · ☐ = ☐

50 Rechne halbschriftlich oder im Kopf.

3096 : 3 =
6500 : 5 =
7209 : 9 =

99549 : 9 =
82004 : 4 =
18036 : 6 =

630007 : 7 =
856880 : 8 =
205960 : 5 =

Kreise alle Aufgaben ein, die du im Kopf gerechnet hast.

Schriftlich dividieren

So dividiere ich halbschriftlich:

T	H	Z	E				H	Z	E
2	8	9	2	:	6	=	4	8	2
2	4	0	0	:	6	=	4	0	0
	4	9	2						
	4	8	0	:	6	=		8	0
		1	2						
		1	2	:	6	=			2
			0						

So dividiere ich schriftlich:

T	H	Z	E				H	Z	E
2	8	9	2	:	6	=	4	8	2
2	4								
	4	9							
	4	8							
		1	2						
		1	2						
			0						

So spreche ich:

6 passt in 28 vier Mal: 4
4 mal 6 gleich 24
6 passt in 49 acht Mal: 8
8 mal 6 gleich 48
6 passt in 12 zwei Mal: 2
2 mal 6 gleich 12
Es bleibt kein Rest: 0

51 Versuche, den Rechenweg zu 2 892 : 2 zu verstehen. Erkläre.

Was fällt dir auf?

52 Dividiere schriftlich. Rechne zur Probe auch die Umkehraufgabe.

Tipp: Achte auf die Stellen. Bleibe immer in der gleichen Stelle.

2 4 9 2 : 7 =

1 4 4 5 5 : 5 =

53 Dividiere schriftlich. Rechne zur Probe auch die Umkehraufgabe.

4 767 : 3 =	14 496 : 6 =	31 376 : 4 =	52 256 : 8 =
4 998 : 2 =	14 952 : 3 =	31 668 : 6 =	52 947 : 9 =
5156 : 4 =	15 282 : 9 =	31 744 : 8 =	53 123 : 7 =

Schriftlich dividieren

54 Dividiere schriftlich.

Tipp: Wie oft passt 14 in 51? Multipliziere mit 14.
1 · 14 = 14   2 · 14 = 28

	5	1	5	2	:	1	4	=				

	7	7	1	6	:	1	2	=				

55 Dividiere schriftlich.

77835 : 15 =   98360 : 20 =   112 640 : 20 =   526405 : 11 =
49946 : 13 =   79350 : 30 =   184 950 : 50 =   129615 : 15 =

56 Finde den Divisor. Überschlage.

4050 : ☐ = 810 (40 : 8)   6678 : ☐ = 954   3888 : ☐ = 432
4320 : ☐ = 720   1953 : ☐ = 651   5832 : ☐ = 729

Quotient
42 : 6 = 7
Dividend   Divisor

57 Vergleiche die beiden Rechenwege.

	4	5	5	4	:	9	=	5	6	
	4	5								
		0	5	4						
			5	4						
				0						

	4	5	5	4	:	9	=	5	0	6		
	4	5										
		0	5									
			0									
			5	4								
			5	4								
				0								

Was fällt dir auf?

58 Dividiere schriftlich.

5076 : 6 =   32940 : 4 =   4040 : 5 =   404882 : 2 =
3045 : 7 =   59320 : 8 =   579042 : 9 =   920000 : 5 =

Schriftlich dividieren

59 Welche Fehler wurden hier gemacht? Kreise ein. Trage den entsprechenden Buchstaben im Kästchen ein. Schreibe die Aufgaben richtig in dein Heft.

a) Fehler beim Dividieren
b) Fehler beim Subtrahieren
c) nicht die größtmögliche teilbare Zahl gewählt
d) die Null vergessen
e) Es sind zwei Ziffern/Stellen heruntergeholt worden.

	7	2	0	9	:	3	=	2	4	3	
	6										
	1	2									
	1	2									
		0	9								
			9								
			0								

Fehler: ☐

9	3	5	5	2	:	6	=	1	5	4	2	6
6												
3	3											
3	0											
	3	5										
	2	4										
		1	5									
		1	2									
			3	2								
			3	2								
				0								

Fehler: ☐

	5	6	8	6	4	:	8	=	7	1	8
	5	6									
		0	8								
			8								
			0	6	4						
				6	4						
					0						

Fehler: ☐

	8	1	3	6	9	:	9	=	9	4	1	
	8	1										
		0	3	6								
			3	6								
				0	9							
					9							
					0							

Fehler: ☐

	3	7	8	4	9	:	7	=	5	3	0	7
	3	5										
		2	8									
		2	8									
			0	4								
				0								
				4	9							
				4	9							
					0							

Fehler: ☐

5	5	8	8	9	0	:	5	=	1	1	1	7	7	6
5														
0	5													
	5													
	0	8												
		5												
		3	8											
		3	5											
			3	9										
			3	5										
				3	0									

Fehler: ☐

Schriftlich dividieren

60 Dividiere schriftlich.

	4	8	8	7	:	9	=						

Wie geht es weiter? Kannst du die Aufgaben auch im Kopf lösen?

4887 : 9 = ___
4896 : 9 = ___
4905 : 9 = ___
4914 : 9 = ___

4887 : 9 = ___
4878 : 9 = ___
4869 : 9 = ___
4860 : 9 = ___

4887 : 9 = ___
4888 : 9 = ___
4889 : 9 = ___
4890 : 9 = ___

61 Rechne.

	6	7	2	1					2	0	1	6	6	:	3	=					
+	6	7	2	2																	
+	6	7	2	3																	

Was fällt dir auf?

62 Schreibe 5 aufeinanderfolgende vierstellige Zahlen auf. Berechne die Summe und dividiere sie durch 5. Was fällt dir auf?

Vergleiche mit einem Partner.

63 Schreibe 7(9) aufeinanderfolgende vierstellige Zahlen auf. Berechne die Summe und dividiere sie durch 7(9). Vermute, was erhältst du als Ergebnis?

Schriftlich dividieren

64

3	7	2	9	:	5	=							

Was fällt dir auf?

65 Dividiere schriftlich.

8 963 : 5 =
9 427 : 3 =

75 882 : 4 =
86 114 : 6 =

291 192 : 9 =
450 456 : 7 =

668 115 : 8 =
999 991 : 19 =

66 Rechne.

5 600 : 8 = ☐
5 601 : 8 = ☐
5 602 : 8 = ☐
5 603 : 8 = ☐

31 326 : 3 = ☐
31 327 : 3 = ☐
31 328 : 3 = ☐
31 329 : 3 = ☐

77 : 9 = ☐
777 : 9 = ☐
7 777 : 9 = ☐
77 777 : 9 = ☐

67 Rechne. Setze fort. Entsteht ein Rest?

101 : 9 =
1 002 : 9 =
10 003 : 9 =
☐ : 9 =
☐ : 9 =

45 : 5 =
405 : 5 =
4 005 : 5 =
☐ : 5 =
☐ : 5 =

24 : 3 =
204 : 3 =
2 004 : 3 =
☐
☐

68 Spielt das Spiel *Restposten*.

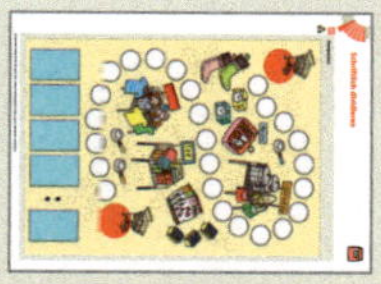

69 Löse die Zahlenrätsel.

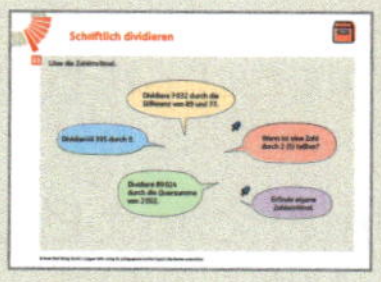

Selbsteinschätzung

Multiplikation und Division

Datum:

Ich kann einfache Multiplikationsaufgaben im Kopf multiplizieren.						
Ich kann halbschriftlich multiplizieren.						
Ich kann schriftlich multiplizieren.						
Ich kann einfache Divisionsaufgaben im Kopf dividieren.						
Ich kann halbschriftlich dividieren.						
Ich kann schriftlich dividieren.						
Ich kann Divisionsaufgaben mit Rest lösen.						
Ich kann eine Zahl auf Teilbarkeit untersuchen.						

Das muss ich noch üben:

Unterschrift Kind:

Unterschrift Lehrer:

Unterschrift Eltern:

Würfelgebäude

1 Baue auf deinem Grundstück ein Gebäude aus 10 Würfeln.

Worauf müsst ihr achten, wenn ihr mit Würfeln Gebäude baut?

Grundstück

2 Überlegt euch Regeln für das Bauen von Würfelgebäuden.

3 Baue auf deinem Grundstück die Gebäude nach.
Wie viele Würfel brauchst du für das Gebäude?

Für dieses Gebäude brauche ich ☐ Steine.

Für dieses Gebäude brauche ich ☐ Steine.

Für dieses Gebäude brauche ich ☐ Steine.

Würfelgebäude

4 Baue auf deinem Grundstück das Gebäude, so wie es in dem Bauplan steht.

Wie viele Würfel brauchst du dafür?

1	1	1	1
1	2	2	1
1	2	2	1
1	1	1	1

Ich brauche ☐ Würfel.

4
4

Ich brauche ☐ Würfel.

3	2	1
2	2	1
1	1	1

Ich brauche ☐ Würfel.

5 Welcher Bauplan gehört zu welchem Gebäude? Verbinde.

1	3	3	1

3	3	3
2	2	2
1	1	1

1	1	4

3	3	1	1
3	3	1	1

6 Baue ein Gebäude aus 6 Würfeln.
Beschreibe es einem anderen Kind so,
dass es das gleiche Gebäude ohne hinzuschauen
nachbauen kann.

in der ersten Reihe
2 Steine übereinander
links — vor
rechts — auf
hinter — neben

7 Schreibe Baupläne zu den Gebäuden.

Würfelgebäude

8 Schreibe Baupläne zu den Gebäuden.

Was fällt dir auf?

9 Schreibe Baupläne zu den Gebäuden.

10 Finde möglichst geschickt Würfelgebäude mit 4 Würfeln.

Wie viele verschiedene Gebäude findest du?

Wie bist du vorgegangen, um verschiedene Gebäude zu finden?

Würfelgebäude

11 Wie viele Würfel fehlen? Trage ein.

Tipp: Vielleicht hilft dir der Bauplan.

☐ Würfel fehlen für einen großen 3 x 3 Würfel.

☐ Würfel fehlen für einen großen 3 x 3 Würfel.

12 Zeichne zwei Würfel mit dem Lineal.

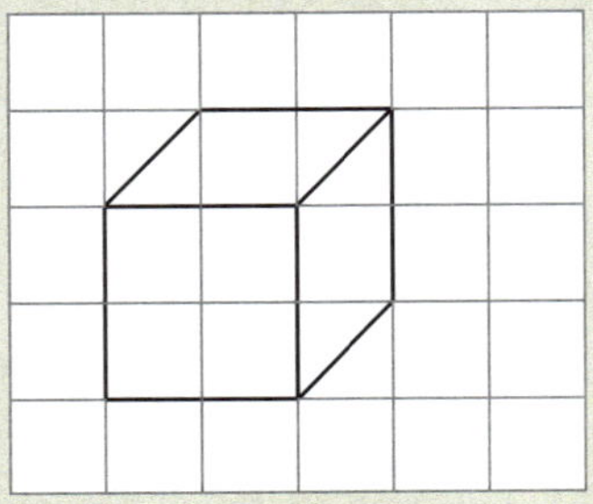

13 Zeichne die Gebäude fertig. Schreibe den Bauplan dazu.

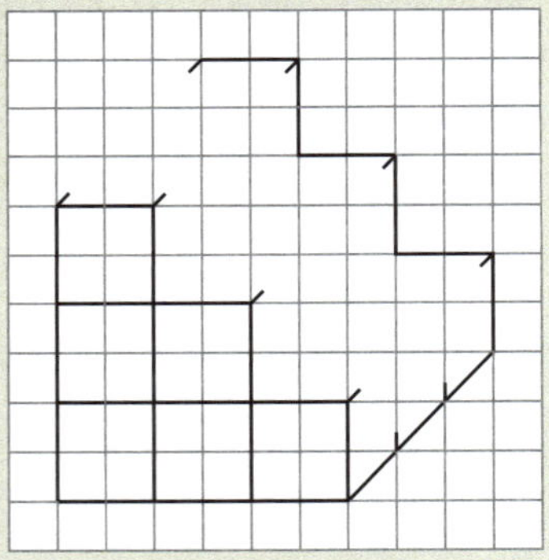

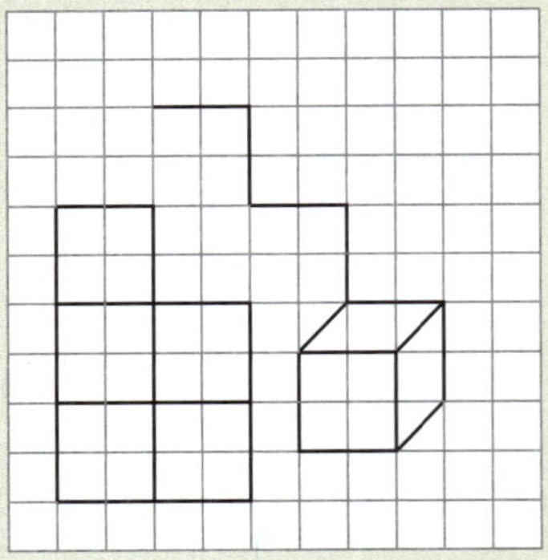

14 Baue das Gebäude. Zeichne es von der Seite.

1	3	2	1

1	2	3	4

Symmetrie

Eine Figur, bei der sich beim Zusammenfalten die beiden Hälften genau decken, heißt achsensymmetrisch.

die Symmetrieachse
deckungsgleich
achsensymmetrisch

Die Faltlinie heißt Symmetrieachse der Figur.

1 Stelle zwei eigene Faltschnitte her. Klebe sie in dein Heft.
Zeichne die Symmetrieachse rot ein.

2 Welche Figuren entstehen durch das Ausschneiden und Aufklappen? Begründe.

Tipp: Prüfe mit dem Spiegel oder stelle den Faltschnitt her.

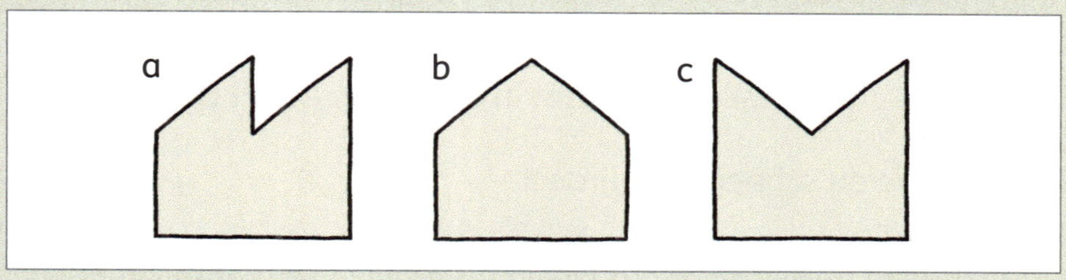

Es entsteht die Figur _____, weil

Es entsteht die Figur _____, weil

3 Stell dir vor, du faltest ein Quadrat so:

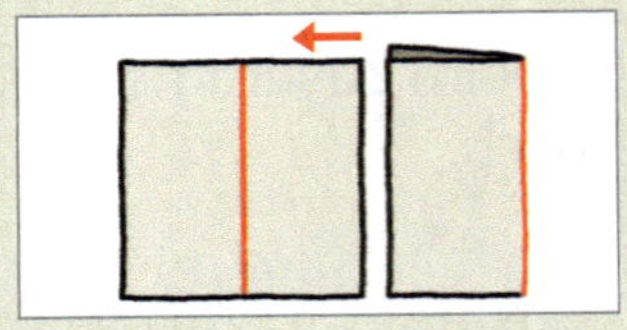

Dann schneidest du wie in der Zeichnung.
Zeichne die Figur, die beim Auseinanderfalten entsteht.

4 Stell dir vor, du faltest ein Quadrat in der Mitte. Am Ende soll dein Quadrat so aussehen.
Zeichne, wie du schneiden würdest.

Tipp: Achte darauf, auf welcher Seite die Faltkante ist.
Überprüfe mit dem Spiegel.

5 Finde das symmetrische Spiegelbild. Kreuze an.

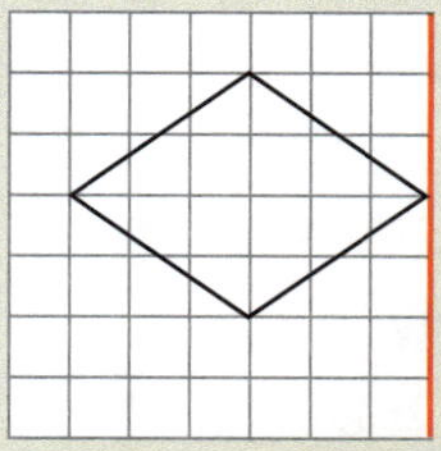

a ☐

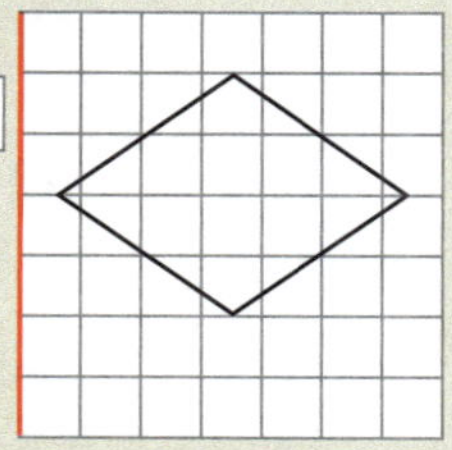

b ☐

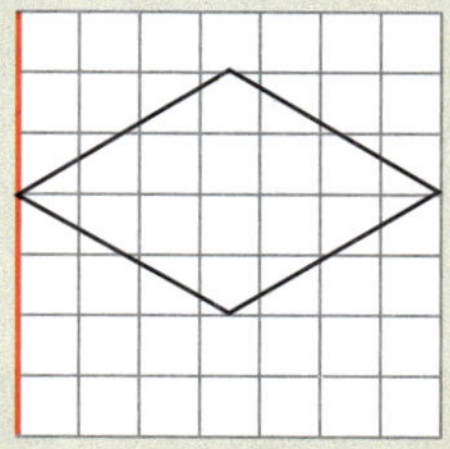

c ☐

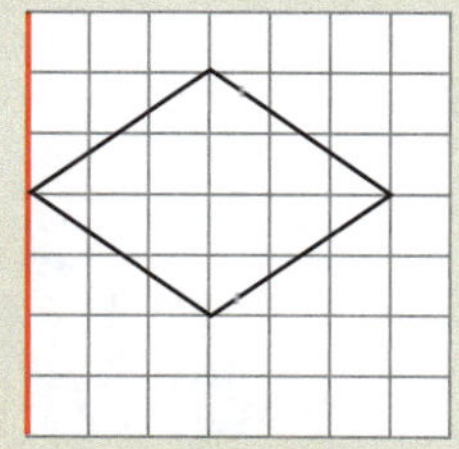

Die Figur ☐ ist achsensymmetrisch, weil der Abstand (gegenüberliegender Punkte) zur Symmetrieachse und die Länge (der gegenüberliegenden Seiten) gleich sind.

Die Figur ☐ ist nicht achsensymmetrisch, weil der Abstand nicht gleich ist.

Die Figur ☐ ist nicht achsensymmetrisch, weil die Länge nicht gleich ist.

6 In welchen Figuren sind Symmetrieachsen falsch eingezeichnet?
Kreuze an.
Zeichne dann die richtigen Symmetrieachsen orange ein.

vertikal
horizontal
diagonal
das Bild
das Spiegelbild

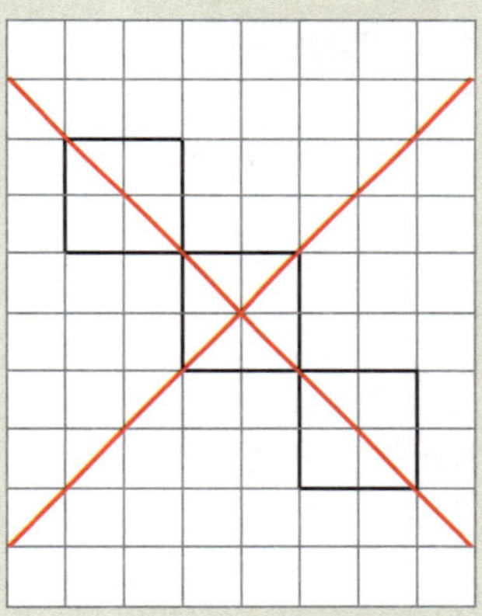

richtig ☐

falsch ☐

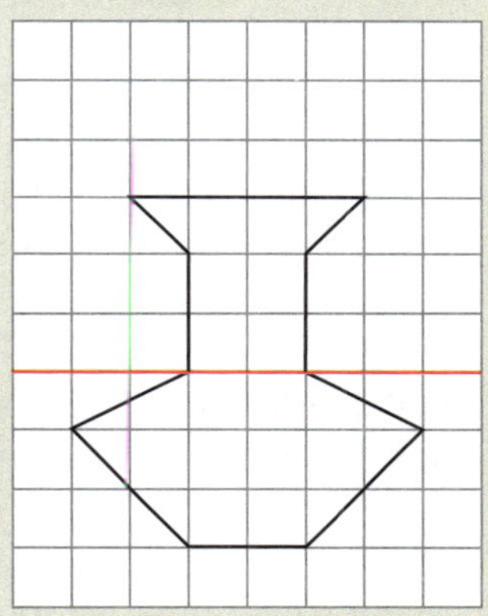

richtig ☐

falsch ☐

Vergleiche die Symmetrieachsen. Beschreibe.

Wir unterscheiden zwischen
________ Symmetrieachse, ________ Symmetrieachse und
________ Symmetrieachse.

7 Prüfe bei jeder Figur, ob sie keine, eine oder mehrere Symmetrieachsen hat.
Zeichne sie rot ein.

a 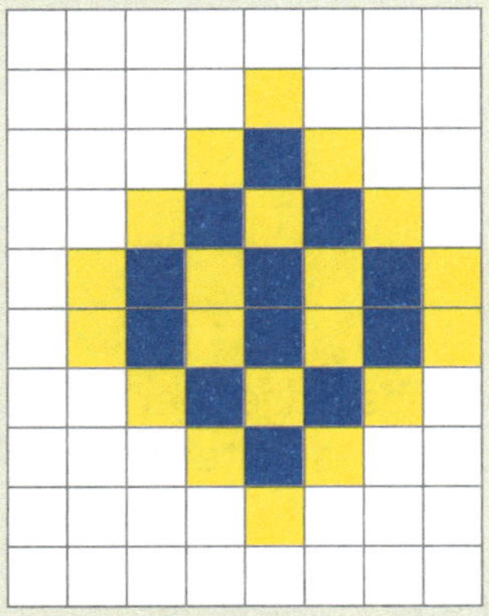 b 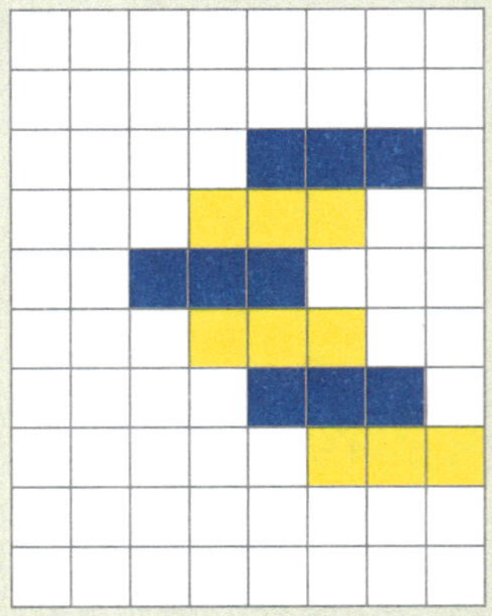 c 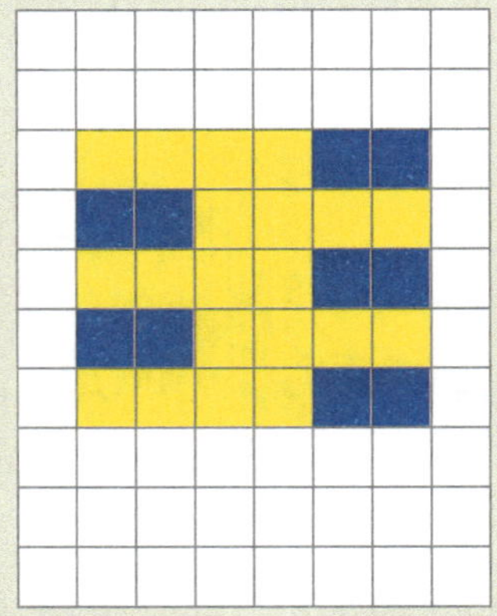

d 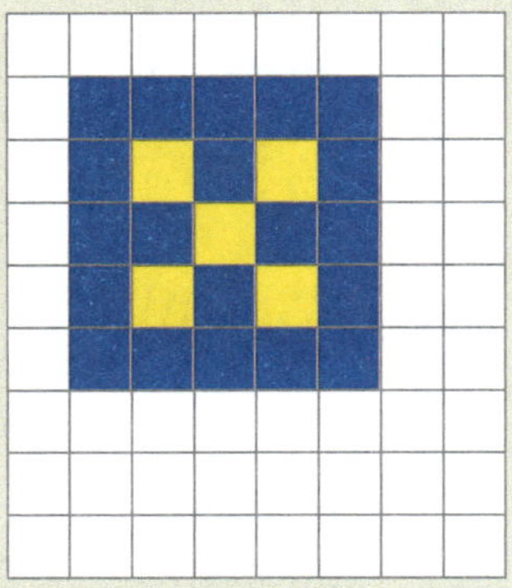 e 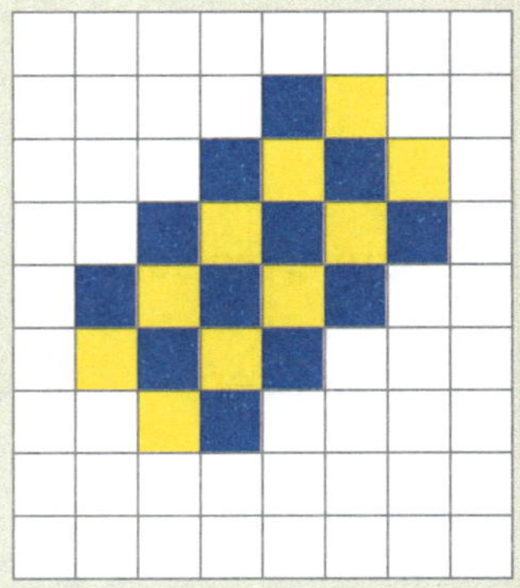 f 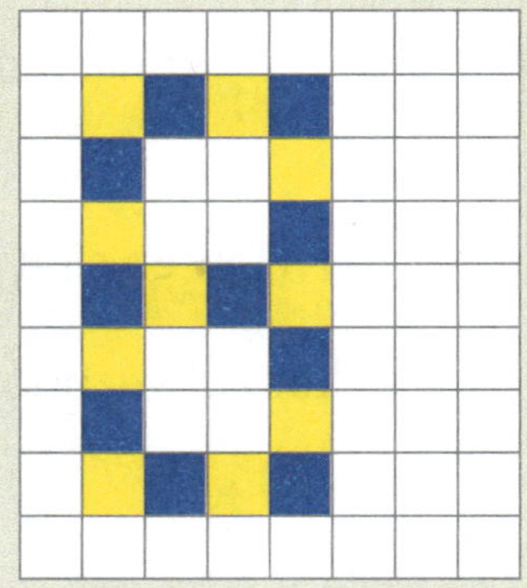

Begründe, warum eine Figur keine Symmetrieachse hat.
Schreibe so: Die Figur b ist nicht achsensymmetrisch, weil …

8 Erfinde selbst eine symmetrische Figur oder ein symmetrisches Muster.
Zeichne auch die Symmetrieachse und das Spiegelbild ein. Überprüfe mit dem Spiegel.

9 Zeichne die Spiegelbilder.

10 Erfinde ein Bild oder Muster. Zeichne auch eine Symmetrieachse ein.
Lass das Spiegelbild von deinem Nachbarn ergänzen. Überprüfe mit dem Spiegel.

Symmetrie

11 Untersuche und beschreibe das berühmte Penrose-Parkett.

Tipp: Mit welchen Formen wurde die Fläche ausgelegt?

Vergleiche die Symmetrieachsen. Beschreibe.

12 Suche in der Schule (innen/außen) eine Parkettierung. Wo hast du sie gefunden? Zeichne eine Skizze in dein Heft.

13 Lassen sich diese Formen parkettieren? Probiere aus und kreuze an. Was kannst du beobachten?

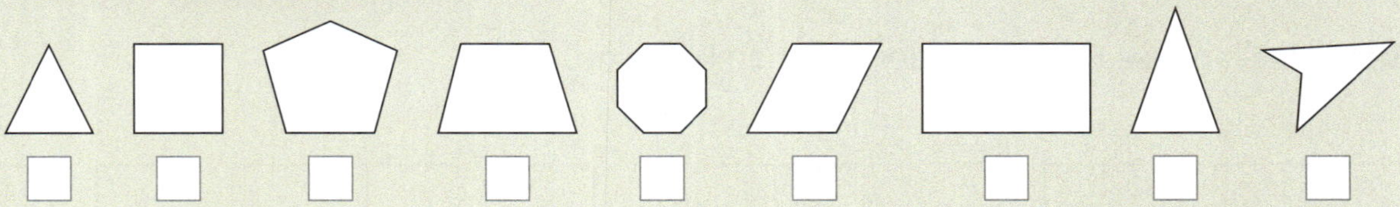

14 Der holländische Maler M. C. Escher (1898–1972) malte gerne Tiere, z. B. Schmetterlinge, Fische, Echsen oder Vögel. Diese Tiere malte er aber nicht einfach in einer Landschaft, sondern so, dass sie genau ineinander passen. Das nennt man parkettieren. Das Tier wird dann zum Parkettstein, mit dem man eine Fläche nach allen Seiten unbegrenzt ohne Lücken füllen kann. Dazu benutzte er die sogenannte Knabbertechnik.

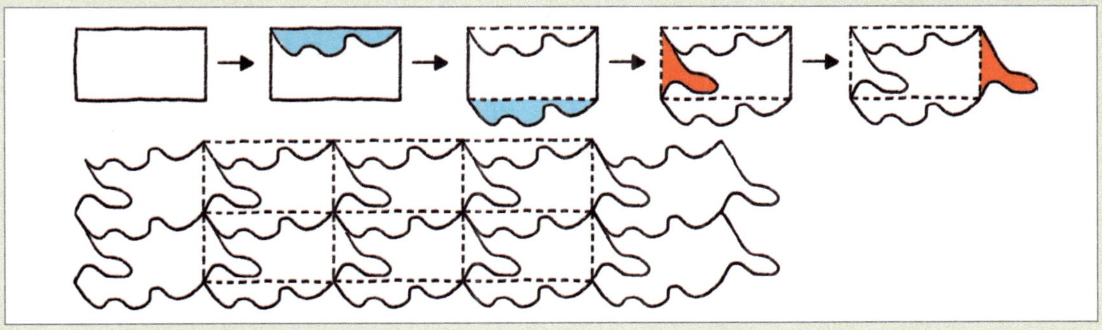

Erkläre, wie die Knabbertechnik entsteht.

15 Suche dir eine geometrische Form aus und stelle deinen eigenen Parkettstein mit der Knabbertechnik (Verschieben oder Drehen) her. Du kannst es auch künstlerisch wie M. C. Escher gestalten.

Flächeninhalt und Umfang

1 Welches Kinderzimmer ist größer? Erkläre.

Kind 1

Kind 2

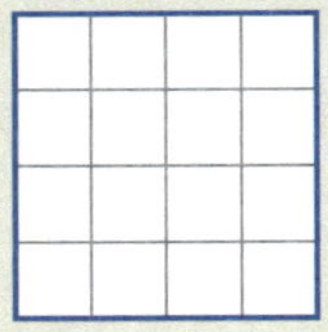

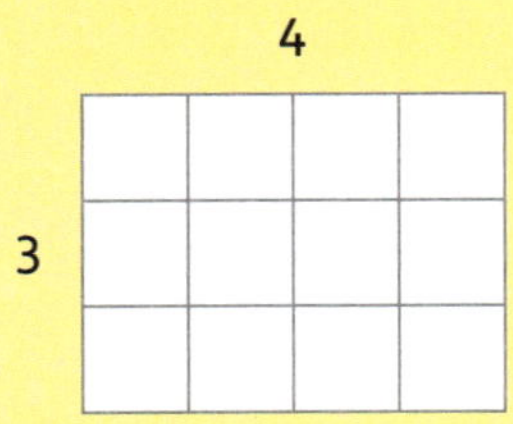

Die Fläche in dem Rechteck ist der **Flächeninhalt**.
Der Flächeninhalt ist 12 Maßquadrate groß.
$F = 3 \cdot 4 = 12$

Der **Umfang** ist so lang, wie der Rand einmal außen um das Rechteck herum.
$U = 3 + 4 + 3 + 4 = 14$

2 Male gleich große Flächen in der gleichen Farbe an.

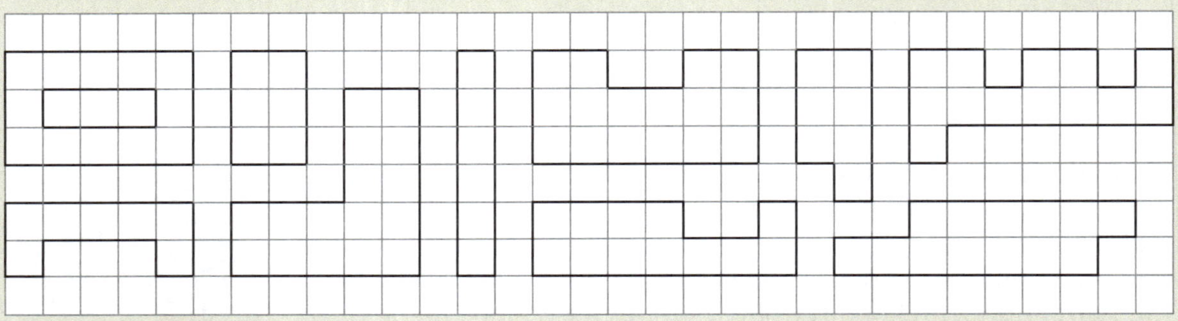

3 Bestimme den Flächeninhalt und den Umfang.

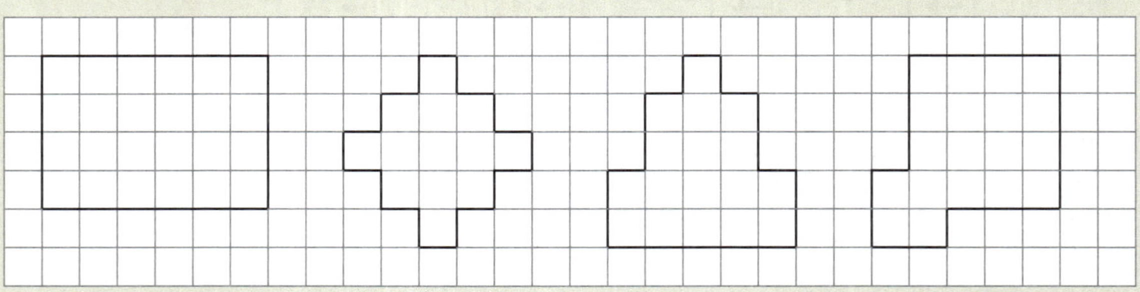

F =	F =	F =	F =
U =	U =	U =	U =

Wann ist der Flächeninhalt bei gleichem Umfang am größten?

Flächeninhalt und Umfang

4 Zeichne Quadrate und Rechtecke. Bestimme Flächeninhalt (F) und Umfang (U).
Überlegt gemeinsam: Warum ist der Umfang immer gerade?

Bei welchem Quadrat ist der Flächeninhalt genauso groß wie der Umfang?

5 Zeichne unterschiedliche Figuren mit dem gleichen Flächeninhalt.

Wann ist der Umfang am kleinsten?

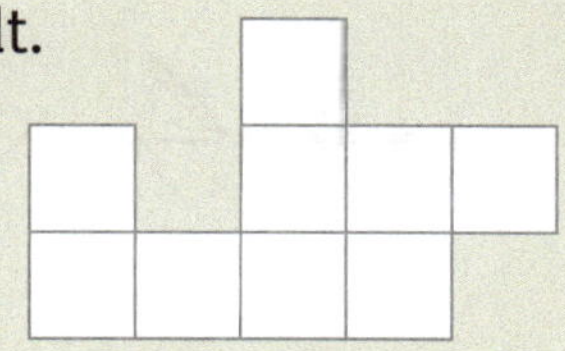

6 Zeichne unterschiedliche Figuren mit dem gleichen Umfang.

Finde alle Möglichkeiten.
Wann ist der Flächeninhalt am größten?

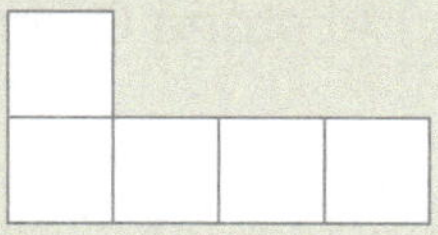

7 Zeichne Figuren mit diesem Flächeninhalt und Umfang.

Flächeninhalt	6	6	9	8	8	8	8
Umfang	14	10	12	12	14	16	18

8 Setze das Muster fort. Bestimme den Flächeninhalt der bunten Felder.

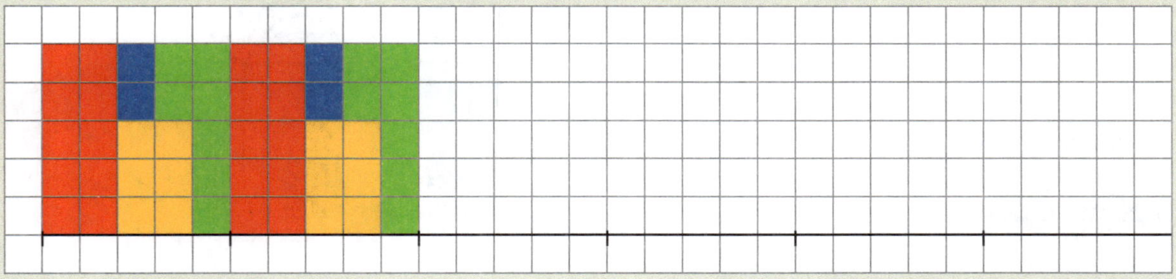

F rot = ____ F gelb = ____ F grün = ____ F blau = ____

9 Bestimme den Flächeninhalt und vergleiche. Was fällt dir auf?

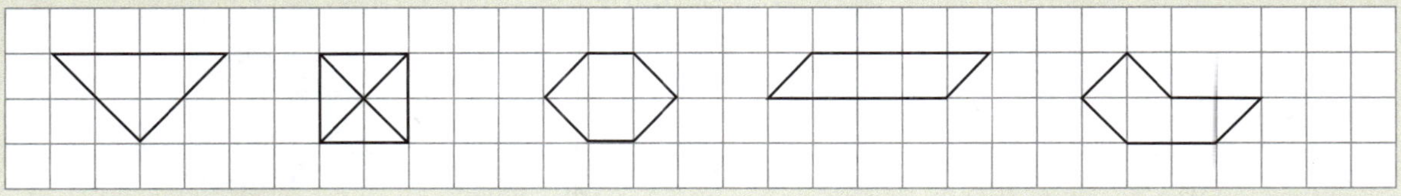

Geodreieck und Zirkel

Diese beiden Geraden sind zueinander parallel. Die blaue Gerade hat überall den gleichen Abstand zur roten Gerade.

So zeichnest du parallele Geraden mit dem Geodreieck:

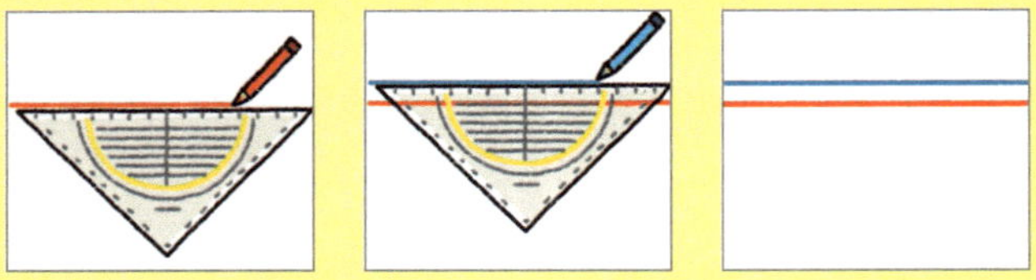

1 Zeichne mit dem Geodreieck zwei parallele Geraden.

a) Abstand 0,5 cm b) Abstand 1 cm c) Abstand 1,7 cm d) Abstand 2,3 cm

2 Zeichne parallele Geraden mit einem blauen Stift nach.

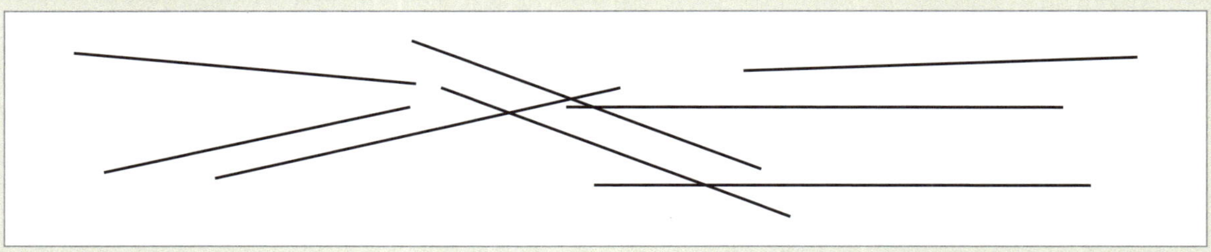

3 Finde Parallelen. Zeichne sie mit einem Buntstift und einem Geodreieck nach.

4 Suche in deiner Klasse Parallelen. Schreibe oder zeichne in dein Heft. Beschreibe genau, wo du die Parallelen gefunden hast.

5 Überlegt, warum diese Bilder optische Täuschungen heißen?

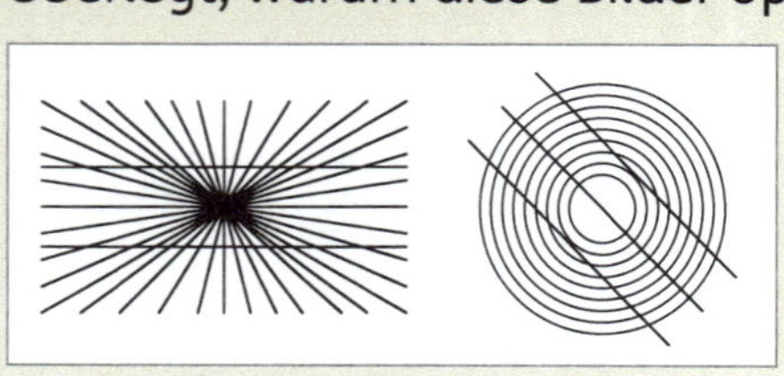

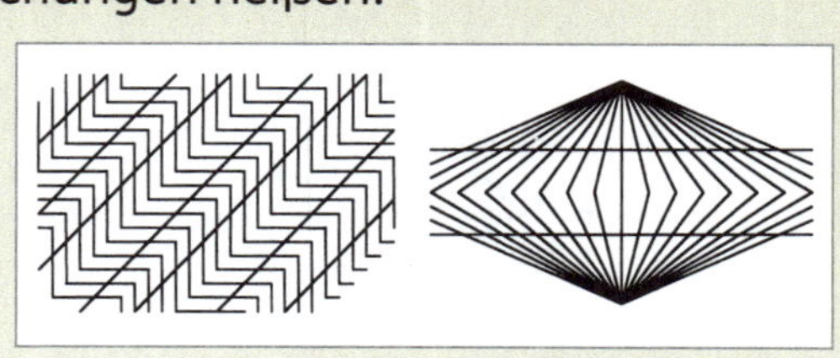

Geodreieck und Zirkel

So zeichnest du einen rechten Winkel:

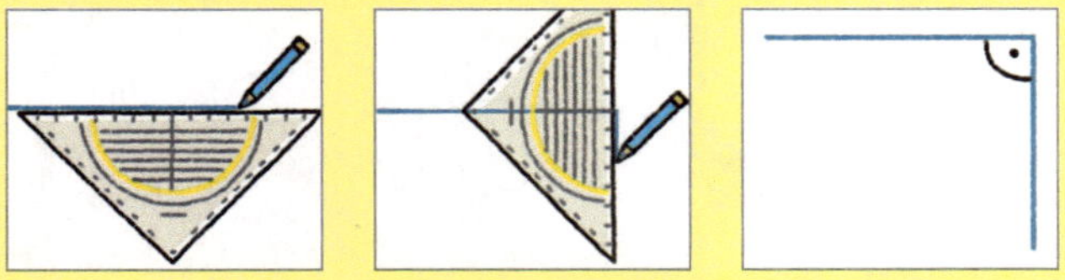

6 Zeichne einen rechten Winkel.

7 Vervollständige die Sätze.

Diese beiden Geraden sind zueinander

________________.

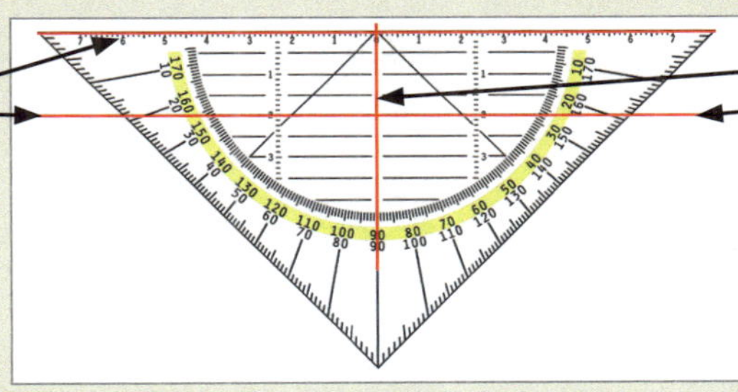

Diese beiden Geraden sind zueinander

________________.

Sie bilden einen

____

Winkel.

8 Überprüfe, ob es in den Figuren rechte Winkel gibt. Kontrolliere mit dem Geodreieck. Zeichne die rechten Winkel ein.

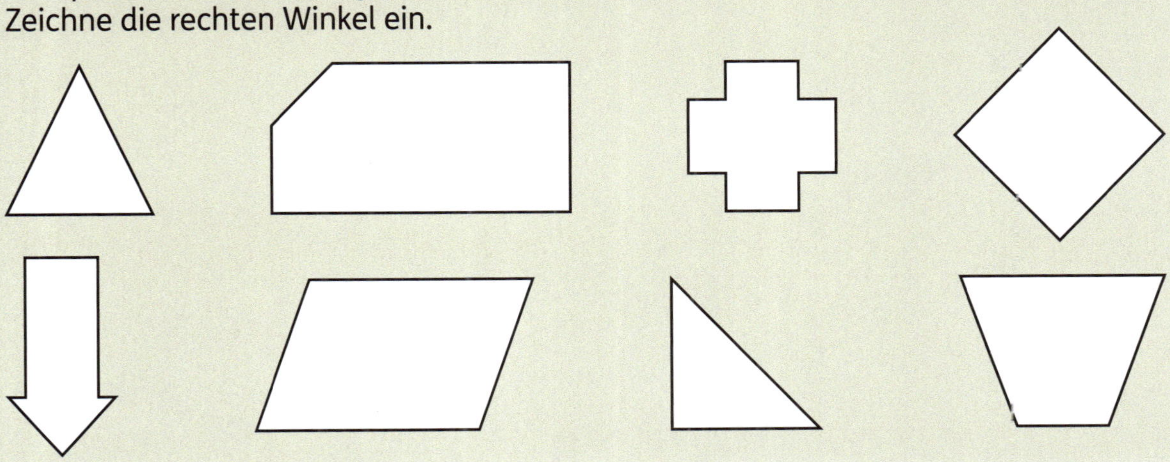

9

Das ist ein Kunstwerk vom Künstler Piet Mondrian (*1872, †1944). Er hat auf seinem Bild nur schwarze Linien und die Farben rot, gelb und blau verwendet. Die Linien sind alle parallel und senkrecht zueinander.

Zeichne wie Mondrian ein eigenes Kunstwerk.

Zeichen-Tipps:
1. Zeichne mit dem Geodreieck Linien, die parallel und senkrecht sind, sodass z. B. Quadrate und Rechtecke entstehen.
2. Male einzelne Felder rot, gelb, blau und Linien schwarz aus.

Geodreieck und Zirkel

10 Zeichne unterschiedlich große Kreise mit dem Zirkel.
Was musst du am Zirkel verändern, damit die Kreise größer oder kleiner werden?

Jeder Kreis hat einen **Mittelpunkt (M)**. Der Abstand zwischen Mittelpunkt und Kreislinie heißt **Radius (r)**. Eine Linie, die den Kreis einmal durch den Mittelpunkt schneidet, nennt man **Durchmesser (d)**.

11 Vervollständige.

Das ist eine

______________________________.

Damit kann ich in das Papier stecken und so den Mittelpunkt markieren.

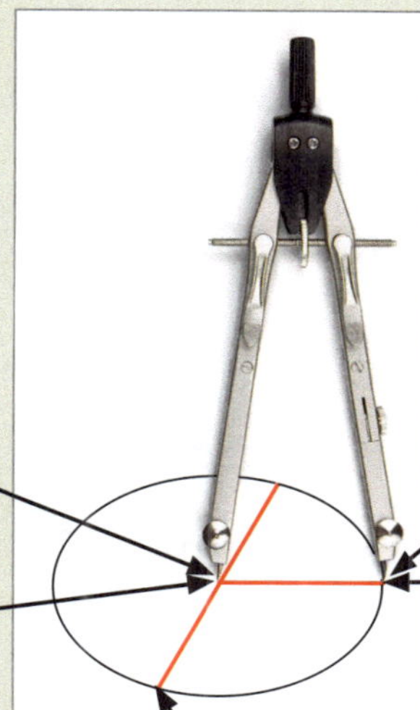

Das ist eine

______________________________.

Damit kann ich zeichnen.

M =

r =

d =

So zeichnest du mit dem Zirkel Kreise in einer bestimmten Größe:

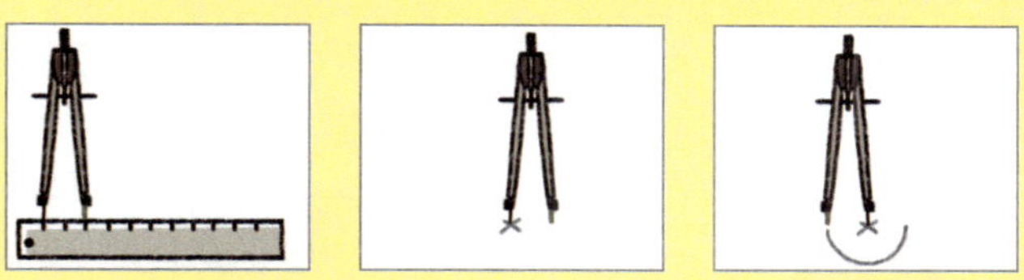

12 Zeichne mit dem Zirkel Kreise.

a)

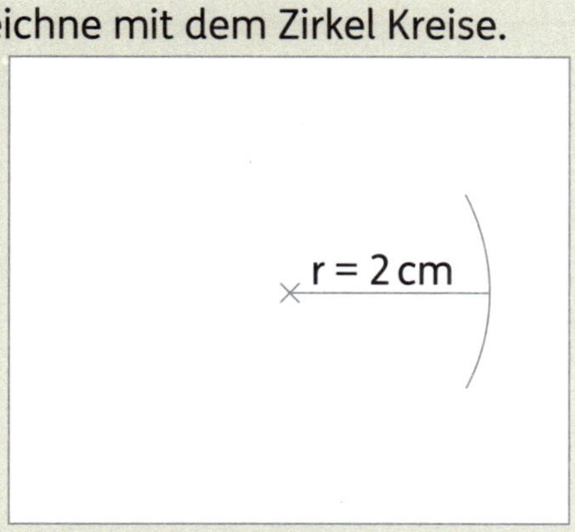

b)

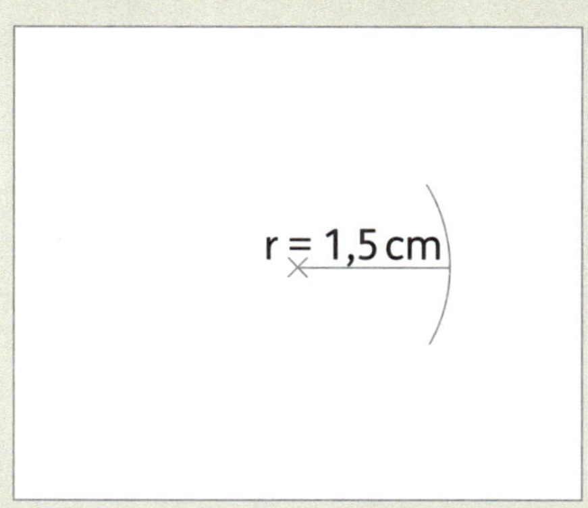

Geodreieck und Zirkel

13 Zeichne Kreise mit dem angegebenen Radius. Miss den Durchmesser.

r = 1 cm | r = 2 cm | r = 1,5 cm

d = | d = | d =

14 Zeichne Kreise mit dem angegebenen Radius.

a) r = 4 cm b) r = 3,7 cm c) r = 5,6 cm d) r = 2,1 cm e) r = 1,8 cm

15 Zeichne Kreise mit dem angegebenen Durchmesser.

a) d = 5 cm b) d = 6 cm c) d = 4,6 cm d) d = 7,2 cm e) d = 9,4 cm

16 Setze das Muster fort.

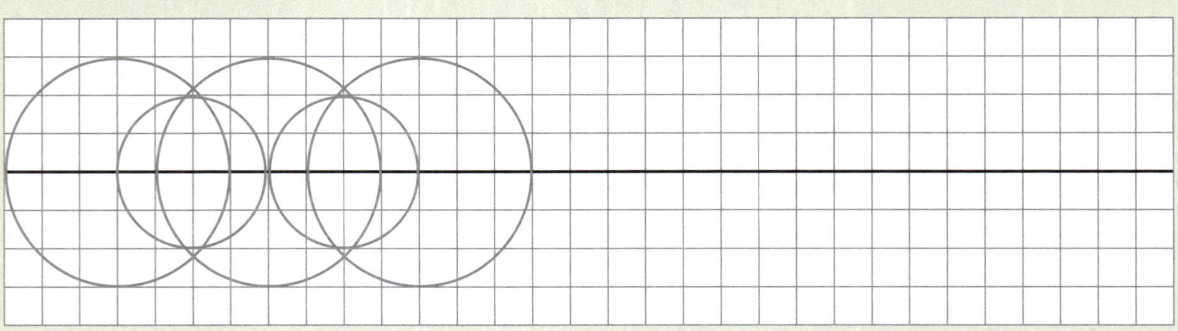

Geodreieck und Zirkel

17 Zeichne mit dem Zirkel das Muster nach.

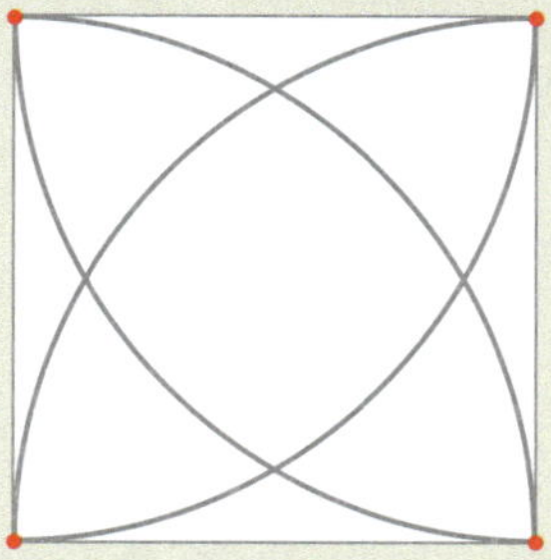

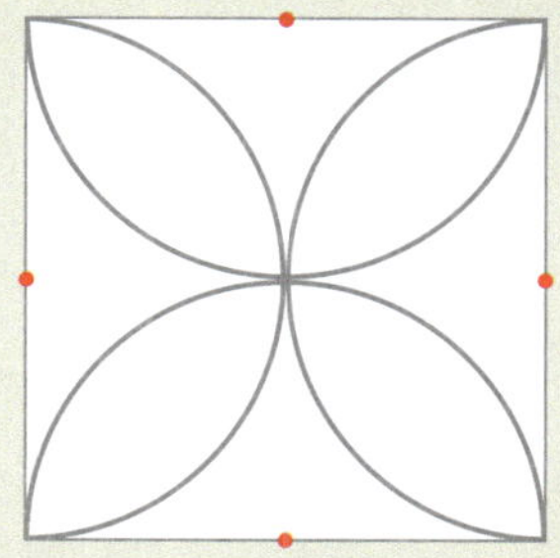

18 Zeichne eigene Muster. Zeichne sie mit dem Zirkel in dein Heft.

19

Das ist ein Kunstwerk von Wassily Kandinsky (*1866 – †1944).
Er benutzt in seinem Werk viele geometrische Formen.

Suche in dem Kunstwerk Senkrechte, Parallelen und Kreise.
Zeichne die Ausschnitte nach.

Der Kreis | Die Parallelen | Die Senkrechten

Geodreieck und Zirkel

20 Verbinde die Begriffe mit dem richtigen Bild.

der Durchmesser | die Gerade | der Mittelpunkt | der Radius | parallel

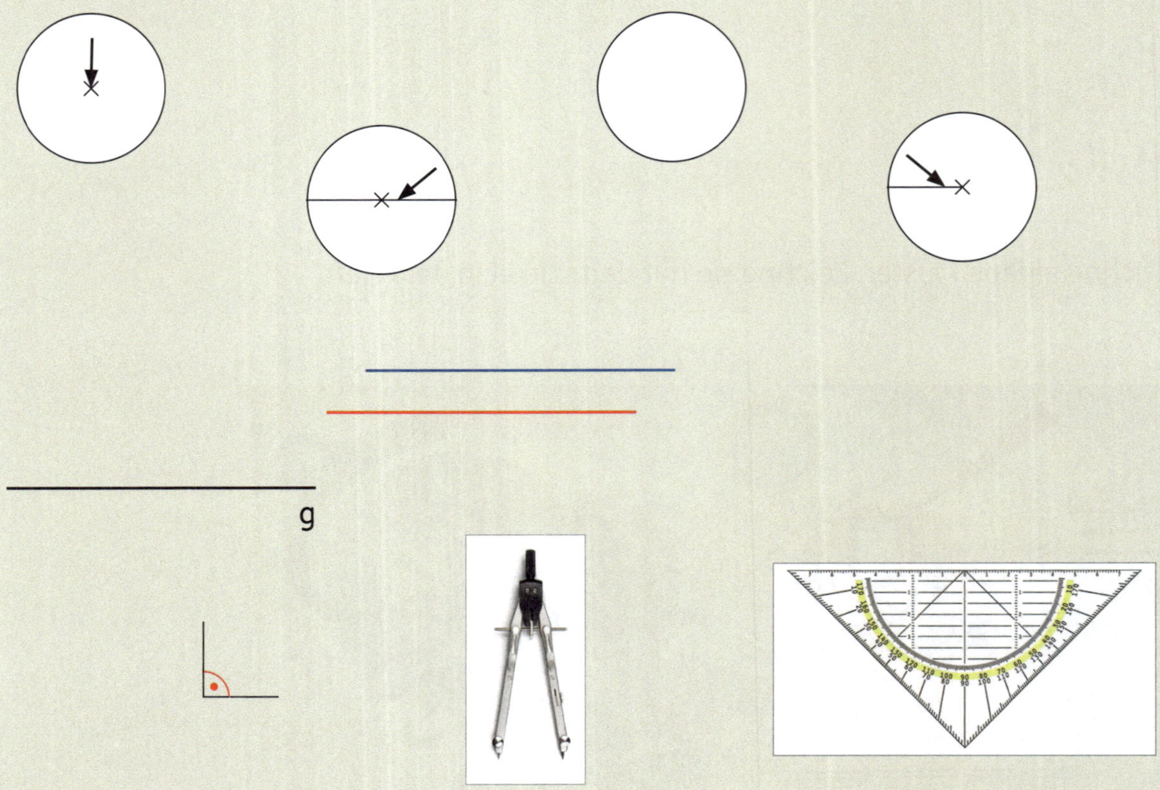

der Zirkel | senkrecht | der Kreis | das Geodreieck

21 Setze die Begriffe aus Aufgabe 21 in die Lücken ein.

Der Zirkel

Mit einem ________ zeichnet man einen ________. Mit einem großen M beschriftet man den ________. Der ________ (r) ist halb so groß wie der ________ (d).

Das Geodreieck

Mit dem ________ kann man Strecken messen oder ________ Linien zeichnen. Ob Linien ________ oder ________ sind, kann man mit einem Geodreieck überprüfen.

Maßstab

Karten, Pläne, Bilder und Modelle stellen uns die Wirklichkeit verkleinert dar.
Der Maßstab sagt uns, um wie viel die Wirklichkeit verkleinert wurde.

Beispiel: 1:10

Die Zahl vor dem Doppelpunkt bezeichnet die Größe auf der Karte.
Die Zahl nach dem Doppelpunkt gibt die tatsächliche Größe in der Wirklichkeit an.
1:10 bedeutet, dass auf der Karte alles 10mal kleiner dargestellt ist als in Wirklichkeit.

1cm auf der Karte entspricht also 10cm in Wirklichkeit.

1 Verkleinere/Vergrößere das Muster.

Maßstab 1:2 Maßstab 2:1

2 Um wie viel wurden die Figuren verkleinert?

Maßstab 1:1 Maßstab 1: ☐ Maßstab 1:1 Maßstab 1: ☐

Maßstab

3 Wie hoch sind der Eifelturm in Paris und die Freiheitsstatue in New York in (m) Wirklichkeit?

Eifelturm:

Maßstab 1:10 000

Freiheitsstatue:

Maßstab 1:1 000

4 Zeichne in dein Heft. Vergrößere. Wie groß ist es in Wirklichkeit?

Maßstab: 1:2

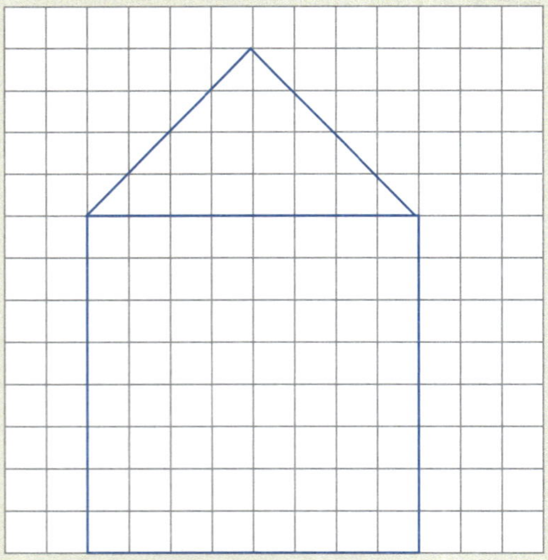

Maßstab: 1:3

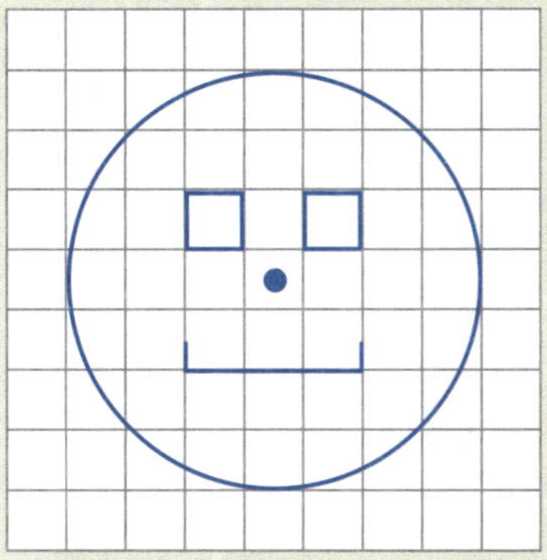

Maßstab

5 Suche dir ein Bauwerk in deiner Stadt aus. Zeichne es als verkleinerte Skizze. Welchen Maßstab hast du benutzt?

6 Finde in Zeitschriften und Zeitungen Zeichnungen, auf denen Maßstäbe angegeben sind. Berechne, wie groß die abgebildeten Dinge in Wirklichkeit sind?

7 Was bedeutet es, wenn die erste Zahl größer ist als die zweite Zahl? Erkläre. Finde eine passende Aufgabe dazu.

8 Das Kinderzimmer ist im Maßstab 1:100 gezeichnet.

Wie lang und wie breit ist das Kinderzimmer? Wie groß sind die einzelnen Möbel im Kinderzimmer?

Schreibe so:

Einrichtungs-gegenstand	Länge im Bild	Länge in Wirklichkeit	Breite im Bild	Breite in Wirklichkeit
Bett				

1

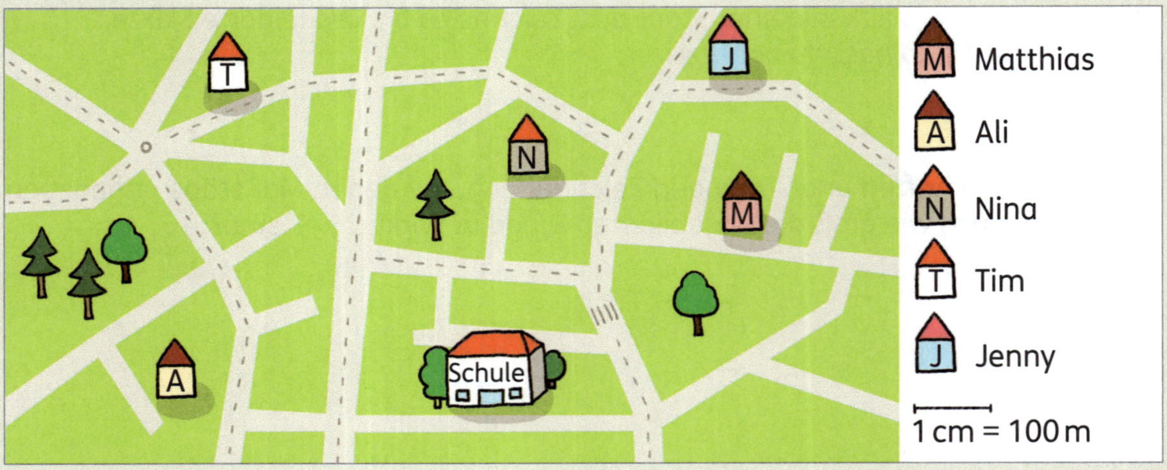

Wie weit gehen die Kinder zur Schule? Wer hat den weitesten (kürzesten) Weg?
Wie viele Meter geht Matthias in einer Woche zur Schule?
Wie viele km gehst du in einer Woche / Monat / Jahr zur Schule?

km	m		
2	4	3	7

2 437 m = 2,437 km

2 Rechne um.

Von Kilometer in Meter	Von Meter in Kilometer
1 km = ____ m	6 329 m = ____ km
0,5 km = ____ m	1 500 m = ____ km
2,5 km = ____ m	8 700 m = ____ km
4,3 km = ____ m	750 m = ____ km

3 Wandle um.

in m	km H	km Z	km E	m H	m Z	m E	gemischt	in km mit Komma
510 600 m	5	1	0	6	0	0	510 km 600 m	510,6 km
823 250 m								
45 730 m								
126 990 m								
31 524 m								

Längen

4 Vergleiche: >, < oder =

7231 m ☐ 7321 m   4,5 km ☐ 4500 m   1080 m ☐ 1,8 km

9090 m ☐ 9,009 km $\frac{1}{2}$ km ☐ 550 m   6,788 km ☐ 6789 m

5 Schreibe die Länge in drei Schreibweisen.

m und cm	5 m 17 cm	14 m 3 cm			
cm			283 cm		2907 cm
m				8,06 m	

km und m	2 km 500 m				0 km 64 m
m		3640 m		5099 m	
km			21,7 km		

cm und mm	4 cm 6 mm	0 cm 7 mm			
mm			169 mm		
cm				0,2 cm	538,3 cm

6 Ordne nach der Größe, von kurz nach lang.

a) 12 m   252 cm   2 m   2 cm   2,3 cm

b) 1,31 m   230 cm   1750 mm   1,3 dm   17,49 cm

7 Ergänze.

5 cm	
2 mm	
	6 mm
0,3 cm	
	9 mm
0,5 cm	

5 m	
	50 cm
84 cm	
	0,2 m
675 mm	
	0,39 m

5 km	
	500 m
640 m	
	0,12 km
987 m	
	0,941 km

Gewichte

1 Wie viel wiegt der Einkauf ungefähr? Überschlage.

2 Welche Tüte nimmst du? Erkläre.

3 Wie könntest du die Einkaufstüten packen, wenn beide Tüten ungefähr gleich schwer sein sollen?

4 Trage die ungefähren Gewichte ein.

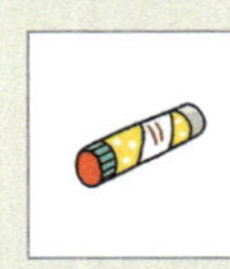

5 Schreibe in drei Schreibweisen.

kg und g	4 kg 250 g				
g		1038 g		543 g	
kg			8,7 kg		0,067 kg

6 Kann das stimmen? Eure Klasse wiegt genauso viel wie ein Fiat 500.

7 Finde fünf Beispiele für Dinge, die schwerer sind als 1 Tonne. Sortiere sie nach der Größe.

t	kg		
1	5	3	0

1 530 kg = 1,53 t

8 Trage das Gewicht ein.

t			kg			Gewicht
	1	3	2	0	0	
			5	7	3	
		1	7	5	0	
2	5	0	5	0	0	

t			kg			Gewicht
						7,8 t
						16,042 t
						0,045 t
						80,2 t

9 Schreibe in drei Schreibweisen.

t und kg	7 t 600 kg				
kg		4 697 kg		6 050 kg	
t			4,999 t		1,5 t

10 Vergleiche: >, < oder =

4 t ☐ 4 500 kg
3,2 t ☐ 3 200 kg
16,8 t ☐ 16 080 kg

7 641 kg ☐ 7,640 t
888 kg ☐ 0,8 t
9 462 kg ☐ 9,062 t

$\frac{1}{2}$ t ☐ 750 kg
4 200 kg ☐ 5 t
1,75 t ☐ 175 kg

Gewichte

11 Ordne nach der Größe, von leicht nach schwer.

7,2 kg | 8 000 g | 7,2 t | 8 000 kg | 7,5 t

3,6 t | $3\frac{1}{2}$ kg | 3 060 kg | 3,059 t | 3 006 g

12 Ergänze.

1 t	
250 kg	
	762 kg
0,84 t	
	$\frac{1}{2}$ t
908 kg	

500 kg	
125 g	
	308 kg
45,9 kg	
	$\frac{1}{4}$ kg
0,36 t	

1 kg	
750 g	
	0,345 kg
211 g	
	$\frac{1}{2}$ kg
0,068 kg	

13 Deutschland verbraucht nach den USA, China und Japan die viertgrößte Menge an Papier. Pro Tag verbraucht jeder Deutsche 640 g Papier – das ist die Papiermenge eines Harry-Potter-Bandes.

Wie viele Kilogramm Papier verbrauchst du in einem Jahr?

Wie viele Kilogramm Papier verbraucht deine Familie in einem Jahr?

Wie viele Tonnen Papier verbraucht deine ganze Klasse in einem Jahr?

Rauminhalt

1 Welchen Rauminhalt haben diese Gefäße? Fülle Wasser in das Gefäß und schütte es in den Messbecher um. Lies ab, wie viel Wasser in die Gefäße passt. Notiere in Milliliter (ml) und zeichne im Messbecher ein.

Gefäß	Messbecher	Rauminhalt in ml
Flasche 		
Tasse 		
Glas 		
Becher 		

2 Wie oft musst du eine Tasse (Glas, Becher) auffüllen, um eine Literflasche zu füllen?

Flüssigkeitsmengen werden in Liter (l) und Milliliter (ml) gemessen.

1 Liter (l) = 1 000 Milliliter (ml)
0,1 l = 100 ml
0,01 l = 10 ml
0,001 l = 1 ml

3 Stelle mit Gefäßen die Rauminhalte zusammen. Schreibe oder male deine Zusammenstellung in dein Heft.

a) 750 ml

b) 1 000 ml/1 l

c) 500 ml

750 ml =  +  +

Rauminhalt

4 Suche dir vier verschiedene Gefäße aus. Miss mit dem Messbecher ihren Rauminhalt.
Schätze, bevor du genau misst.

Gefäß	Name des Gefäßes	geschätzt	Rauminhalt/gemessen
1			
2			
3			
4			

a) Das größte Gefäß umfasst ______.
Das kleinste Gefäß umfasst ______.

b) Gefäß 1 + Gefäß 2 = ______
Gefäß 3 + Gefäß 4 = ______

5 Was gehört zusammen? Verbinde.

1 000 ml   100 ml   140 000 ml   10 000 ml   1 ml   500 ml   200 ml   300 ml

0,3 l   0,5 l   140 l   0,001 l   0,2 l   1 l   10 l   0,1 l

6 Suche auf 5 verschiedenen Verpackungen oder Flaschen nach dem Rauminhalt.
Klebe die Etiketten in dein Heft und trage die Werte in eine Tabelle ein.

7 Rechne um.

Von Milliliter in Liter	Von Liter in Milliliter
750 ml = ______ l	1 l = ______ ml
350 ml = ______ l	1,5 l = ______ ml
1 200 ml = ______ l	15 l = ______ ml
50 ml = ______ l	0,01 l = ______ ml
5 ml = ______ l	0,33 l = ______ ml
3 090 ml = ______ l	6,008 l = ______ ml

Rauminhalt

8 Schreibe in den drei Schreibweisen.

Schreibe so:

l	gemischt l und ml	ml
3,5 l	3 l und 500 ml	3 500 ml

3 l und 400 ml   2,5 l   3 009 ml   4,867 l   660 ml   0 l und 703 ml   2 400 ml   7,2 l

9 Suche 5 Gefäße, miss ihren Rauminhalt und sortiere sie nach ihrem Rauminhalt.

10 Ordne nach der Größe. Beginne mit dem kleinsten Rauminhalt.

249 ml   209 ml   251 ml   240 ml $\frac{1}{4}$ l

0,759 l   705 ml $\frac{3}{4}$ ml   0,7 l   0,34 l

11 Vergleiche: >, < oder =

500 ml ☐ $\frac{1}{2}$ l	450 ml ☐ $\frac{1}{2}$ l	$\frac{3}{4}$ l ☐ 750 ml	$\frac{1}{8}$ l ☐ $\frac{1}{4}$ l
1 l ☐ 500 ml	125 ml ☐ $\frac{3}{4}$ l	$\frac{1}{8}$ l ☐ 500 ml	$\frac{2}{8}$ l ☐ $\frac{1}{4}$ l
$\frac{1}{2}$ l ☐ 1 l	250 ml ☐ $\frac{1}{4}$ l	$\frac{3}{4}$ l ☐ 240 ml	$\frac{3}{4}$ l ☐ $\frac{1}{2}$ l

12 Wie viel fehlt bis zum nächsten vollen Liter?

5,5 l	☐ fehlen bis ☐ l.	7,009 l	☐ fehlen bis ☐ l.
3 250 ml	☐ fehlen bis ☐ l.	16 107 ml	☐ fehlen bis ☐ l.
0,08 l	☐ fehlen bis ☐ l.	$\frac{1}{8}$ l	☐ fehlen bis ☐ l.
0,648 l	☐ fehlen bis ☐ l.	217 ml	☐ fehlen bis ☐ l.

13 Schätze zuerst und rechne dann genau nach.

Beim Zähneputzen verbrauchst du ungefähr 5 Liter Wasser.
a) Wie viel Wasser verbrauchst du ungefähr an einem Tag?
b) Wie viel Wasser verbrauchst du ungefähr in einer Woche?
c) Wie viel Wasser verbrauchst du ungefähr in einem Monat?

Eine kleine Toilettenspülung verbraucht ungefähr 3 Liter Wasser.
a) Wie viel Wasser verbrauchst du ungefähr an einem Tag?
b) Wie viel Wasser verbrauchst du ungefähr in einer Woche?
c) Wie viel Wasser verbrauchst du ungefähr in einem Monat?

Ein Mensch verbraucht am Tag ungefähr 125 Liter für Waschen/ Zähne putzen, essen / trinken, baden / duschen, Geschirrspülen, Wäsche waschen und die Toilettenspülung.
a) Wie viel Wasser verbraucht ein Mensch ungefähr in einer Woche?
b) Wie viel Wasser verbraucht ein Mensch ungefähr in einem Monat?
c) Wie viel Liter Wasser verbraucht deine Stadt am Tag / im Monat / im Jahr?

14 Rechne aus.
Wie viele Zutaten brauchst du für 4 Personen?
Wie viele Zutaten brauchst du für 5 Personen?

Erdbeer-Bananenshake (für 2 Personen)

50 g Erdbeeren
$\frac{1}{2}$ Banane
50 ml Jogurt
100 ml Sahne
$\frac{1}{2}$ l Milch
30 g Zucker

15 Was ist günstiger? Erkläre.

je 0,99 €

oder

je 1,50 €

je 8,49 €

oder

je 1,19 €

Rauminhalt

16 Wie kannst du den Rauminhalt eines Körpers bestimmen?

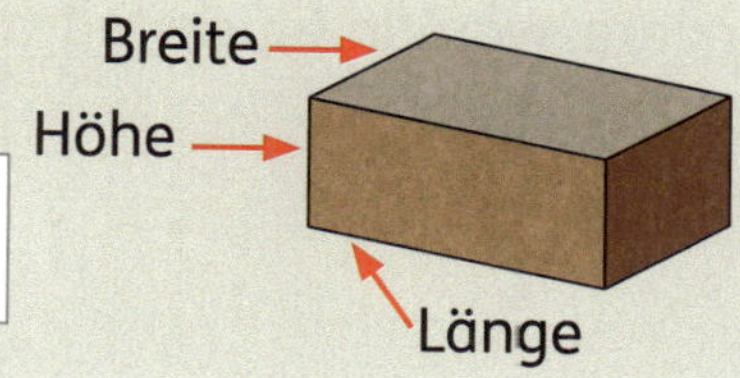

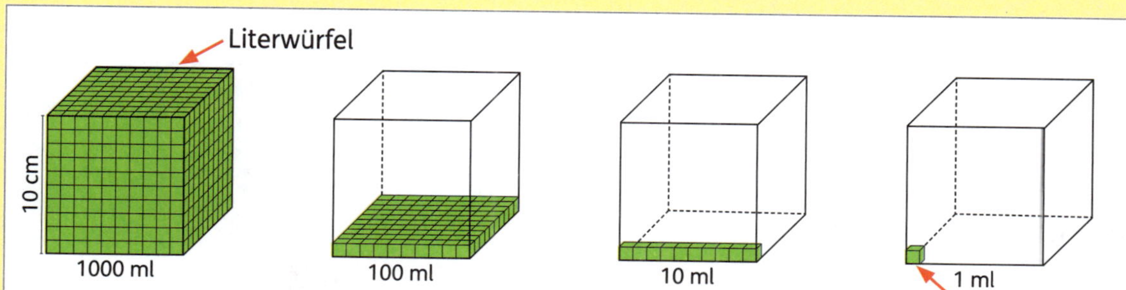

Ein Würfel mit der Kantenlänge 1 cm fasst genau 1 ml.
Ein Würfel mit der Kantenlänge 10 cm fasst genau 1 l.

Milliliterwürfel / Zentimeterwürfel

17 Wie viele Zentimeterwürfel passen in die Körper? Wie viele Milliliter sind das?

a)	b)	c)
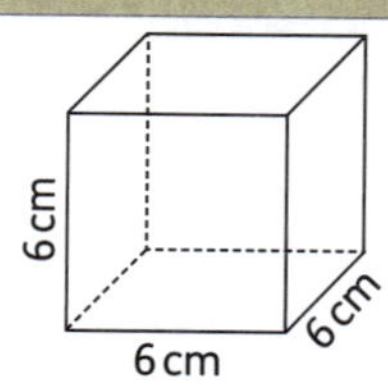	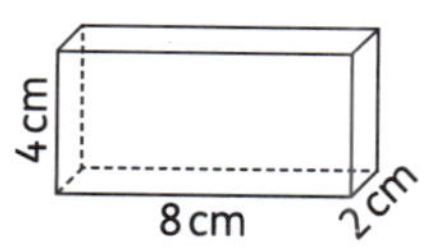	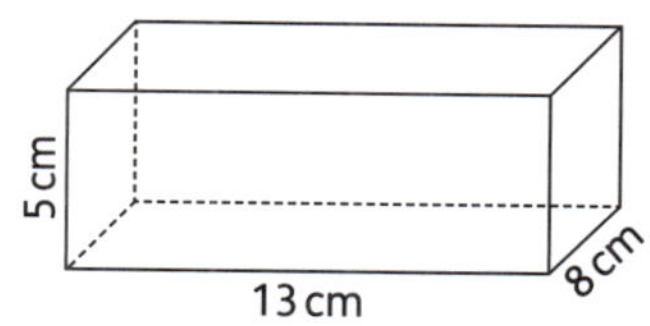

18 Wie viel Liter Wasser passen in die Körper?

a)	b)	c)	d)
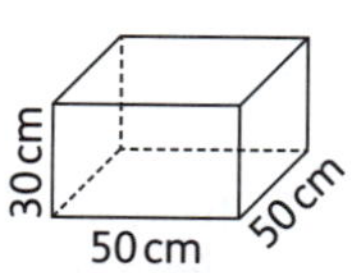	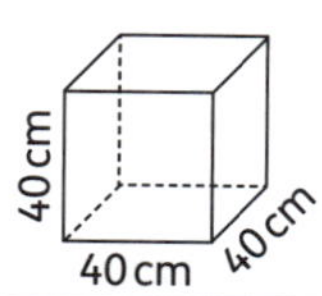	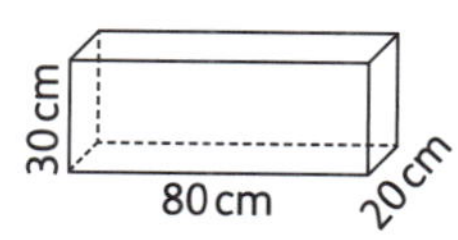	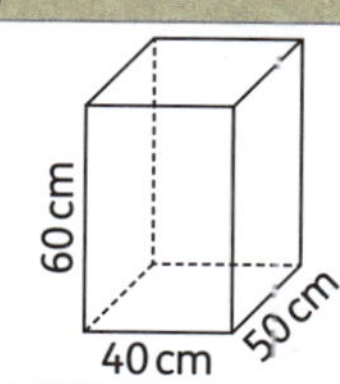

Berechne den Unterschied zwischen den Körpern a) und b) sowie b) und c).

19 In der Tabelle findest du Abmessungen verschiedener Kartons. Wie viele Milliliter- und Literwürfel passen in den Karton? Bestimme den Rauminhalt.

Länge · Breite · Höhe (cm)	Milliliterwürfel	Literwürfel	Rauminhalt
12 · 10 · 8			
10 · 10 · 10			
15 · 8 · 8			

Wahrscheinlichkeiten

1 Erkläre, was ein Glücksrad ist und wie es funktioniert.

2 Schaue dir die Glücksräder genau an. Entscheide bei jedem Rad, ob du auf rot oder gelb setzt.

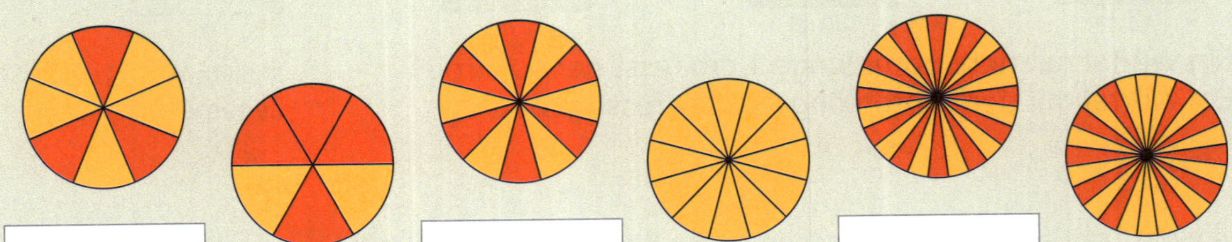

Vergleicht wie ihr euch entschieden habt.
Erklärt euch gegenseitig warum.

wahrscheinlich
unwahrscheinlich
sicher
möglich
unmöglich

3 Verbinde das Glücksrad und die dazu passende Aussage.

Alle Farben haben die gleiche Chance.	Gelb ist am wahrschein-lichsten.	Die Chancen für grün sind größer.	Gelb gewinnt sicher.	Rot ist unwahrscheinlicher als orange und grün.	Blau hat die größte Chance.

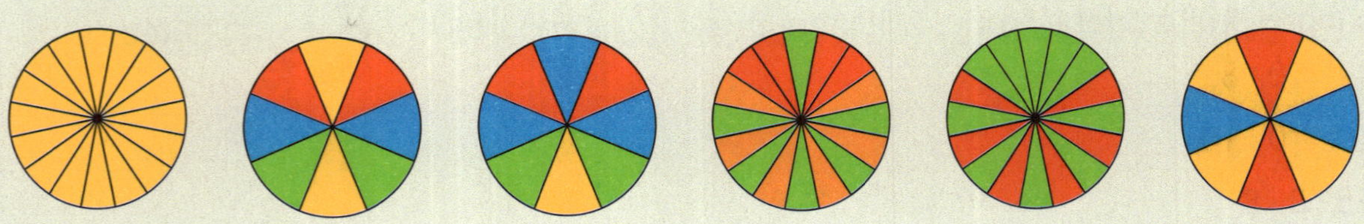

4 Male die Glücksräder passend zu der Aussage an.

Die Chancen für rot und grün sind gleich.

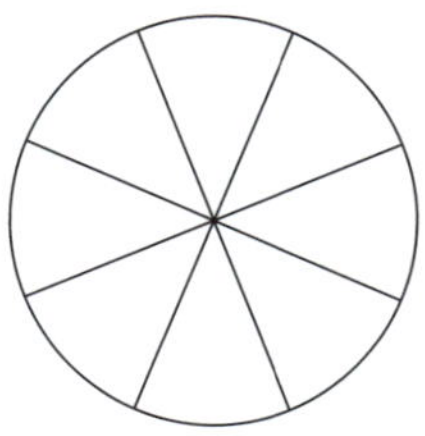

Die Chancen für blau sind größer als für gelb und rot.

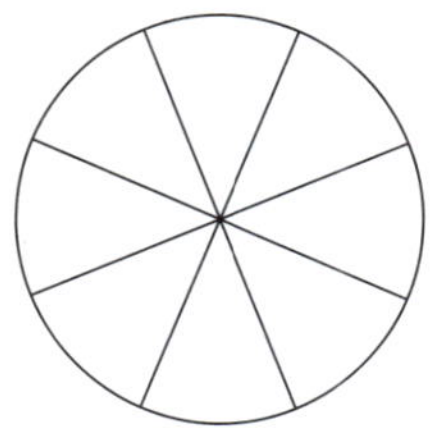

Die Chancen für blau sind sehr gering, für rot und gelb jedoch gleich.

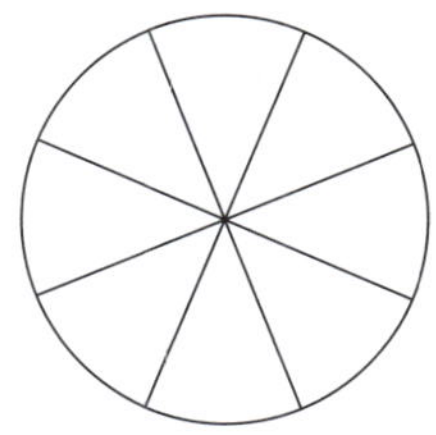

Grün kommt auf keinen Fall.

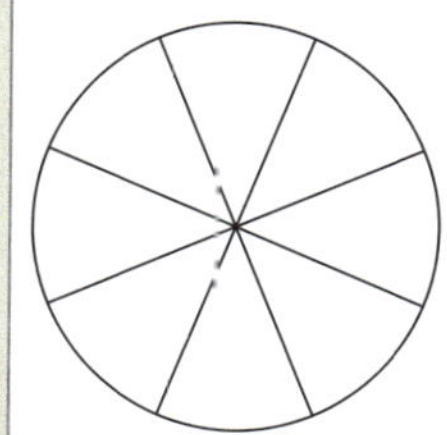

5 Kreuze an. Welche Behauptung stimmt?

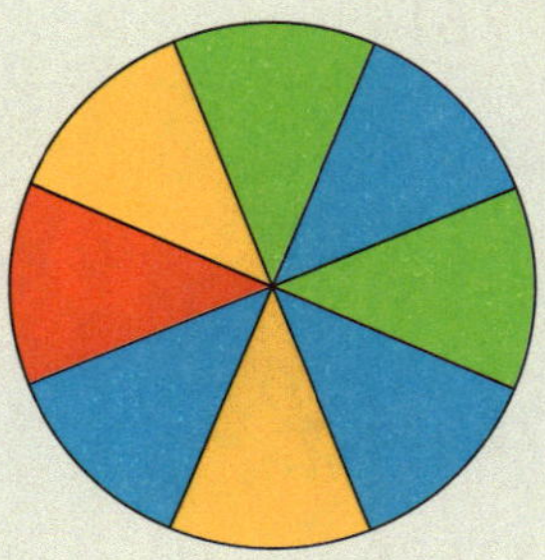

☐ Blau gewinnt wahrscheinlich.
☐ Die Chancen für rot sind größer als für gelb.
☐ Die Chancen für grün sind schlechter als für gelb.
☐ Es ist unmöglich, dass orange gewinnt.
☐ Gelb kommt auf keinen Fall.
☐ Es ist am unwahrscheinlichsten, dass rot gewinnt.
☐ Rot oder blau sind genauso wahrscheinlich wie gelb und grün.

6 Male die Glücksräder an. Entscheide dich für eine Farbe.
Begründe deine Entscheidung.

Male das Glücksrad mit vier Farben so an, dass die Farben nicht die gleiche Chance haben.

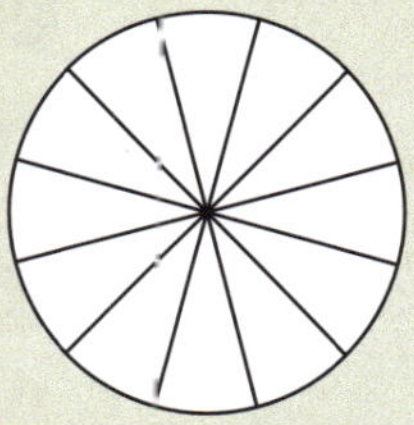

Ich entscheide mich für die Farbe ______, weil ______
______

Male das Glücksrad mit vier Farben so an, dass die Chancen für jede Farbe gleich sind.

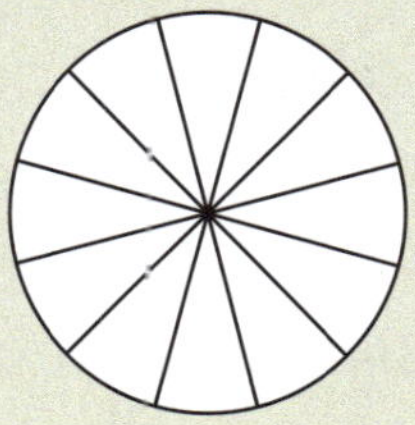

Ich entscheide mich für die Farbe ______, weil ______
______

Vergleicht eure Lösungen. Was fällt euch auf?

7 Erfindet eigene Glücksräder, die unterschiedlich viele Felder haben, aber trotzdem fair sind. Vergleicht mit einem Partner.

1 Fußballbundesligaabschlusstabelle 2011/2012

Platzierung	Verein	Punktzahl	durchschnittliche Zuschauerzahl
1	Borussia Dortmund	81	80521
2	FC Bayern München	73	69000
3	FC Schalke 04	64	61218
4	Borussia Mönchengladbach	60	51845
5	Bayer 04 Leverkusen	54	28493
6	VfB Stuttgart	53	55089
7	Hannover 96	48	44825
8	VfL Wolfsburg	44	27614
9	Werder Bremen	42	40807
10	1. FC Nürnberg	42	41968
11	1899 Hoffenheim	41	28026
12	SC Freiburg	40	22676
13	1. FSV Mainz 05	39	32910
14	FC Augsburg	38	30259
15	Hamburger SV	36	53465
16	Hertha BSC	31	53448
17	1. FC Köln	30	47482
18	1. FC Kaiserslautern	23	42434

Hat der Verein auf dem letzten Platz auch die wenigsten Zuschauer?

Sortiere die Zuschauerzahlen. Beginne mit der höchsten.

Suche dir vier Vereine aus. Berechne die Punktunterschiede und die Zuschauerzahlunterschiede.

Berechne den Zuschauerdurchschnitt in der Fußballbundesliga.

Tipp: Den Durchschnitt berechnest du, indem du alle Zuschauerzahlen addierst und anschließend durch die Anzahl der Vereine dividierst.

2 Die 4. Klassen wollen einen Ausflug machen. Wo geht der Ausflug hin?

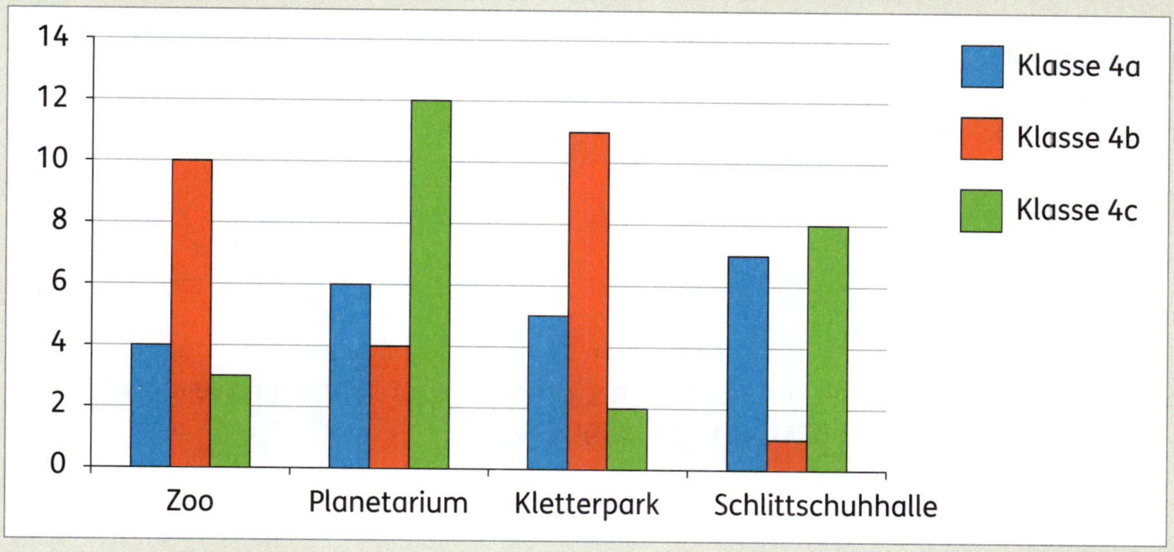

Die Klasse 4a fährt

Die Klasse 4b

Die Klasse 4c

3 Die Klasse 4c hat ihr Klassenmaskottchen gewählt.
Beschrifte das Tortendiagramm.

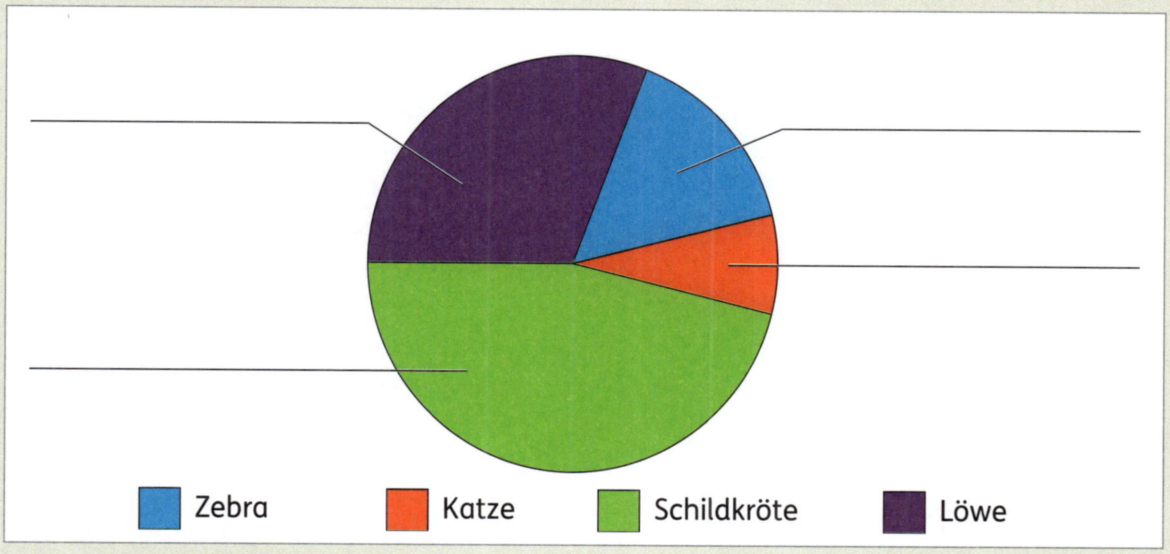

Welches Tier hat die Wahl gewonnen?

4 Wie soll das Klassenmaskottchen der 4c heißen?

Willi	𝍸
Oskar	𝍸 𝍷𝍷𝍷𝍷
Karl	𝍷𝍷𝍷𝍷
Otto	𝍷𝍷𝍷

5 Schaue dir die Diagramme von **2**, **3** und **4** noch einmal genau an. Welches Diagramm kannst du am besten lesen? Begründe.

6 Führe in deiner Klasse eine Befragung durch (Beispiele: Lieblingstier, Lieblingsfach). Zeichne dazu ein Säulendiagramm.

Sachaufgaben

1 In das BVB-Stadion passen 80 645 Zuschauer. Bei einem Champions-League-Spiel dürfen aus Sicherheitsgründen nur 65 829 Fans das Spiel sehen.

2 Zeichne einen Bauplan für ein Würfelgebäude. Dein Partner baut das Würfelgebäude nach. Anschließend wechselt ihr.

3 Zeichne ein Rechteck mit dem Flächeninhalt 12 Maßquadrate.

4 Für einen Freizeitpark soll der Kölner Dom (157 m) im Maßstab 1:10 nachgebaut werden.

5 Ein Elefant frisst am Tag 200 kg Nahrung. Wie viel frisst er in einem Jahr? Eine Giraffe frisst 120 kg weniger.

6 Für ein Bad in der Badewanne benötigst du 45 l Wasser. Wie viel Wasser verbrauchst du im Jahr, wenn du einmal in der Woche ein Bad nimmst?

7 Ein Airbus A380 wiegt beladen 560 Tonnen. Wie viel Kilogramm sind das?

8 In einer Kakaoflasche sind 300 ml. 17 Kinder der Koalaklasse haben Kakao bestellt. Wie viel ml (l) Kakao trinken die Kinder an einem Tag / in einer Woche zusammen?

9 Der Hockenheimring ist 4,574 km lang. Bei der Formel 1 müssen die Fahrer 67 Runden fahren. Den Streckenrekord von 1 min 13 s hält seit dem Jahr 2004 Kimi Räikkönen mit seinem McLaren-Mercedes.

10 Denke dir eigene Sachaufgaben aus.

11 Trage die passende Maßeinheit ein.

- Ein Fußballspiel dauert 90 ___.
- Ein Erstklässler wiegt ca. 20 ___.
- In einer Milchflasche ist ca. 1 ___ Milch.
- Ein Fahrrad kostet ca. 200 ___.
- Eine Büroklammer ist ca. 1 ___ groß.
- Eine Tafel Schokolade wiegt 100 ___.
- Ein Auto ist ungefähr 2,5 ___ schwer.
- Die Entfernung zwischen Dortmund und Köln beträgt ungefähr 100 ___.
- Zwei Lutscher kosten ca. 50 ___.
- Ein Tag hat 24 ___.
- Ein Augenzwinkern dauert ca. 1 ___.
- Eine Bleistiftspitze ist ca. 1 ___ lang.
- Im Schwimmbad kannst du vom 10 ___ Turm springen.
- In einer Getränkedose sind ca. 350 ___.